数学 B

1章 数列

1節 数列とその和

1 数列

教 p.6〜7

数を1列に並べたものを **数列** という。

数列は, a_1, a_2, a_3, …のように表す。この数列を $\{a_n\}$ とも表す。

数列の n 番目の項を **第 n 項** という。とくに,第1項を **初項** という。

数列 $\{a_n\}$ の第 n 項 a_n を n の式で表したものを **一般項** という。

項の個数が有限である数列を **有限数列**,項が限りなく続く数列を **無限数列** という。

有限数列においては項の個数を **項数**,最後の項を **末項** という。

A

□1 次の数列の初項をいえ。また,第5項を求めよ。 教 p.6 練習 1

*(1) -5, -2, 1, 4, ……

(2) 8, 4, 2, 1, ……

□2 次の数列の□にあてはまる数を求めよ。 教 p.6 練習 2

*(1) -1, 2, $\square$, 8, -16, 32, ……

(2) $\dfrac{1}{6}$, $\dfrac{1}{3}$, $\dfrac{1}{2}$, $\square$, $\dfrac{5}{6}$, 1, ……

□3 数列 $\{a_n\}$ の一般項が次の式で与えられるとき,それぞれの数列の初項から第5項までをかけ。 教 p.7 練習 3

*(1) $a_n = 9 - 4n$ (2) $a_n = n^2 - 1$ *(3) $a_n = \dfrac{1}{n(n+1)}$

□*4 次の数列の一般項を n の式で表せ。 教 p.7 練習 4

(1) 3, 6, 9, 12, 15, ……   (2) $\dfrac{1}{2}$, $\dfrac{2}{3}$, $\dfrac{3}{4}$, $\dfrac{4}{5}$, ……

B

□*5 次の数列の第 k 項 a_k を,k の式で表せ。 教 p.7 練習 4

(1) 1, -1, 1, -1, 1, ……

(2) $20 \cdot 1$, $19 \cdot 2$, $18 \cdot 3$, ……, $2 \cdot 19$, $1 \cdot 20$ $(1 \leqq k \leqq 20)$

2 等差数列

教 p.8〜10

1 **等差数列**

数列 $\{a_n\}$ において，d を定数として，つねに

$$a_{n+1}=a_n+d \quad \text{すなわち} \quad a_{n+1}-a_n=d \ (\text{一定})$$

が成り立つ数列を 等差数列 という。このときの d を 公差 という。

2 **等差数列の一般項**

初項 a，公差 d の等差数列 $\{a_n\}$ の一般項は $a_n=a+(n-1)d$

3 **等差数列の性質**

a, b, c がこの順で等差数列 $\iff 2b=a+c$

このとき，b を 等差中項 という。

A

□ **6** 次の等差数列の公差を求めよ。また，□にあてはまる数を求めよ。 教 p.8 練習 5

*(1) 2, 5, □, 11, □, 17, ……　　　(2) □, 2, □, □, −7, ……

□ **7** 次の等差数列 $\{a_n\}$ の一般項を求めよ。また，第 20 項を求めよ。 教 p.9 練習 6

(1) 初項 4, 公差 5　　　　　　*(2) 初項 −3, 公差 −2

*(3) −10, −4, 2, 8, ……　　　(4) $\dfrac{11}{2}$, 4, $\dfrac{5}{2}$, 1, ……

□ *8 次の等差数列 $\{a_n\}$ の一般項を求めよ。 教 p.9 練習 7

(1) 初項 8, 第 4 項が −7　　　(2) 公差 3, 第 10 項が 23

□ **9** 初項 −56, 公差 4 の等差数列 $\{a_n\}$ について，次の問いに答えよ。 教 p.9 練習 8

(1) 一般項を求めよ。　　　(2) 32 は第何項か。

*(3) 第何項から正の値になるか。

□ **10** 次の等差数列 $\{a_n\}$ の初項と公差，および一般項を求めよ。 教 p.9 練習 9

*(1) 第 3 項が 9, 第 7 項が 37　　　(2) 第 2 項が 1, 第 8 項が −23

□ **11** 一般項が次のように表される数列 $\{a_n\}$ は等差数列であることを示せ。

また，初項と公差を求めよ。 教 p.10 練習 10

*(1) $a_n=4n+1$　　　　　(2) $a_n=5-3n$

☐ **12** 次の３つの数がこの順で等差数列であるとき，x の値を求めよ。　㉟p.10 練習11

*(1) $-3,\ x,\ 15$　　　　　　　　　　(2) $x+2,\ 7,\ x^2$

◀━━━━━━◆ **B** ◆━━━━━━▶

☐ **13** 13 と -22 の間に４つの数を入れて，６つの数全体が等差数列となるようにしたい。間に入れる４つの数を求めよ。
$\left(\begin{array}{l}㉟\text{p.8 練習 5}\\ \text{p.9 練習 7}\end{array}\right)$

☐ *14 第12項が 26，第35項が 118 である等差数列 $\{a_n\}$ について，次の問いに答えよ。

(1) 初項と公差および，一般項を求めよ。　㉟p.9 練習8, 9)

(2) 186 はこの列の第何項か。

(3) 初めて 500 を超えるのは第何項か。

◀━━━━━━◆ **C** ◆━━━━━━▶

例題 1 ▶

等差数列をなす３つの数があり，その和は 21，積は 280 である。この３つの数を求めよ。

考え方 $a,\ b,\ c$ がこの順に等差数列 $\iff 2b=a+c$

解答 求める３つの数を $a,\ b,\ c$ とし，この順に等差数列であるとすると，条件から
$$2b=a+c\ \cdots\cdots①,\ a+b+c=21\ \cdots\cdots②,\ abc=280\ \cdots\cdots③$$
①，②より　$3b=21$

よって　$b=7$

これを①，③に代入して　$a+c=14,\ ac=40$

これより，２つの数 $a,\ c$ は，２次方程式 $t^2-14t+40=0$ の解である。

これを解くと，$(t-4)(t-10)=0$ より　$t=4,\ 10$

ゆえに　$a=4,\ c=10$ または $a=10,\ c=4$

したがって，求める３つの数は　**4, 7, 10** 答

別解 求める３つの数を $a-d,\ a,\ a+d$ とおくと，条件から ◀ 公差 d，中央の数 a とおく。
$$(a-d)+a+(a+d)=21\ \cdots\cdots①,\ (a-d)\cdot a\cdot(a+d)=280\ \cdots\cdots②$$
①より　$3a=21$

よって　$a=7$

これを②に代入して　$(7-d)\cdot7\cdot(7+d)=280$

これを解くと，$7^2-d^2=40$ より　$d^2=9$　すなわち　$d=\pm3$

ゆえに，求める３つの数は　**4, 7, 10** 答

☐ **15** 等差数列をなす３つの数が次の条件を満たすとき，この３つの数を求めよ。

(1) 和が 3，積が -8　　　　　　(2) 和が 6，２乗の和が 110

3 等差数列の和

教 p.11〜13

等差数列の初項から第 n 項までの和 S_n は

(1) 初項 a, 末項 l のとき　$S_n = \dfrac{1}{2}n(a+l)$

(2) 初項 a, 公差 d のとき　$S_n = \dfrac{1}{2}n\{2a+(n-1)d\}$

A

□ *16 次の等差数列の和を求めよ。 教 p.12 練習 12

(1) 初項 2, 末項 18, 項数 25　　　(2) 初項 10, 公差 -3, 項数 18

□ 17 次の等差数列の初項から第 n 項までの和 S_n を求めよ。 教 p.12 練習 13

*(1) 初項 4, 公差 3　　　(2) 初項 13, 公差 -2

(3) 初項 p, 公差 $2p$

□ 18 次の条件を満たす n の値を求めよ。 教 p.12 練習 14

*(1) 初項 6, 公差 3 の等差数列の初項から第 n 項までの和 S_n が 132 となる。

(2) 初項 35, 公差 -7 の等差数列の初項から第 n 項までの和 S_n が 105 となる。

□ 19 次の等差数列の項数と和を求めよ。 教 p.13 練習 15

(1) 8, 11, 14, ……, 50　　　(2) 30, 26, 22, ……, -14

□ *20 2 桁の自然数のうち, 次の数の和を求めよ。 教 p.13 練習 16

(1) 6 の倍数　　　(2) 4 で割ると 3 余る数

B

□ 21 200 以下の自然数のうち, 次の数の和を求めよ。 (教 p.13 練習 16)

*(1) 5 で割り切れる数

(2) 5 で割り切れない数

*(3) 3 でも 5 でも割り切れる数

*(4) 3 または 5 で割り切れる数

(5) 3 でも 5 でも割り切れない数

(6) 3 で割っても 5 で割っても 2 余る数

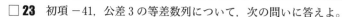

□ **22** ある等差数列の初項から第10項までの和が100，第11項から第20項までの和が300である。この数列の第21項から第30項までの和を求めよ。

例題 2

初項52，公差 -4 の等差数列において，初項から第 n 項までの和 S_n が最大となるときの n の値，およびそのときの S_n の最大値を求めよ。

〈考え方〉項の値が正の値をとる間は，和は増加するので，$a_n>0$ を満たす n の値の範囲を求める。
ただし，$a_n=0$ となる場合があるときに注意する。

解答 等差数列を $\{a_n\}$ とすると，その一般項 a_n は，

$$a_n=52+(n-1)\cdot(-4)$$
$$=-4n+56$$

	a_1	a_2	a_3		a_{13}	a_{14}	a_{15}
$\{a_n\}:$	52,	48,	44,	……,	4,	0,	-4, ……

ここで，$a_n>0$ とすると

$$-4n+56>0$$

これを解いて $n<14$

ここで，$a_{14}=-4\cdot14+56=0$ であるから

$$S_{14}=S_{13}+a_{14}=S_{13}$$

また $S_{13}=\dfrac{1}{2}\cdot13\cdot\{2\cdot52+(13-1)\cdot(-4)\}=364$

以上から，S_n は **$n=13$，14** のとき，最大値 **364** をとる。 **答**

別解
$$S_n=\frac{1}{2}n\{2\cdot52+(n-1)\cdot(-4)\}$$
$$=-2n^2+54n$$
$$=-2\left(n-\frac{27}{2}\right)^2+\frac{729}{2}$$

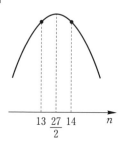

ここで，n は自然数で，$\dfrac{27}{2}=13.5$ であるから

$n=13$ または 14 のとき，S_n は最大となり，

その最大値は

$$S_{13}=-2\cdot13^2+54\cdot13=\textbf{364}$$

□ **23** 初項 -41，公差3の等差数列について，次の問いに答えよ。

(1) はじめて正の値になるのは第何項か。

(2) 初項から第 n 項までの和 S_n の最小値を求めよ。

(3) S_n がはじめて正の値になるときの n はいくつか。

4 等比数列

1 **等比数列**

数列 $\{a_n\}$ において，r を定数として，つねに

$$a_{n+1} = ra_n$$

が成り立つ数列を **等比数列** という。このときの r を **公比** という。

とくに，$a_1 \neq 0$, $r \neq 0$ のとき $\dfrac{a_{n+1}}{a_n} = r$（一定）

2 **等比数列の一般項**

初項 a，公比 r の等比数列 $\{a_n\}$ の一般項は $a_n = ar^{n-1}$

$abc \neq 0$ とする。a, b, c がこの順で等比数列 $\iff$ $b^2 = ac$

このとき，b を **等比中項** という。

A

□ 24 次の等比数列の初項と公比を求めよ。 教 p.14 練習 17

(1) 2, 6, 18, 54, …… *(2) 8, −12, 18, −27, ……

□ *25 次の等比数列 $\{a_n\}$ の一般項を求めよ。また，第7項を求めよ。 教 p.15 練習 18

(1) 初項 3, 公比 2 (2) 4, $-2\sqrt{2}$, 2, $-\sqrt{2}$, ……

□ *26 初項 5, 公比 2 の等比数列について，次の問いに答えよ。 教 p.15 練習 19

(1) 80 は第何項か。 (2) はじめて 1000 を超えるのは第何項か。

□ 27 次の等比数列 $\{a_n\}$ の一般項を求めよ。

(1) 第2項が 12, 第5項が 324 教 p.15 練習 20

*(2) 第3項が 5, 第7項が 125

□ 28 次の3つの数がこの順で等比数列であるとき，x の値を求めよ。 教 p.15 練習 21

*(1) 27, x, 3 (2) x, $x+2$, 8

B

□ *29 3 と 48 の間に3つの数を入れて，5つの数全体が等比数列となるようにしたい。

間に入れる3つの数を求めよ。 (教 p.15 練習 20)

□ 30 15, a, b がこの順に等差数列であり，かつ，b, a, 20 がこの順に等比数列であるとき，

a, b の値を求めよ。 (教 p.15 練習 21)

5 等比数列の和 ㉘p.16〜17

初項 a, 公比 r, 項数 n の等比数列の和 S_n は

$r \neq 1$ のとき $S_n = \dfrac{a(1-r^n)}{1-r} = \dfrac{a(r^n-1)}{r-1}$

$r = 1$ のとき $S_n = na$

□ **31** 次の等比数列の初項から第 n 項までの和 S_n を求めよ。 ㉘p.16 練習 22

*(1) 初項 9, 公比 4 　　　　　　*(2) 初項 6, 公比 -5

(3) 初項 3, 公比 $\dfrac{1}{2}$ 　　　　*(4) 初項 15, 公比 $-\dfrac{2}{3}$

□ **32** 次の等比数列の和を求めよ。 ㉘p.16 練習 23

(1) 1, 2, 4, $\cdots\cdots$, 1024 　　　*(2) 1, -3, 9, -27, $\cdots\cdots$, 729

□ **33**＊ 公比が -2, 初項から第 7 項までの和が 258 である等比数列の初項, および初項から第 n 項までの和 S_n を求めよ。 ㉘p.17 練習 24

B

□ **34** 次の等比数列の初項と公比を求めよ。 ㉘p.17 練習 25

(1) 第 2 項と第 3 項の和が 12, 第 4 項と第 5 項の和が 108

*(2) 初項から第 3 項までの和が 15, 初項から第 6 項までの和が -105

□ **35** 次の等比数列 $\{a_n\}$ の公比 r, 一般項 a_n, 初項から第 n 項までの和 S_n を求めよ。

*(1) $\dfrac{32}{27}$, $-\dfrac{8}{9}$, $\dfrac{2}{3}$, $-\dfrac{1}{2}$, $\cdots\cdots$ 　　(㉘p.16 練習 22)

(2) $3-2\sqrt{2}$, $\sqrt{2}-1$, 1, $\cdots\cdots$

□ **36** 初項 2, 公比 3 の等比数列を $\{a_n\}$ とするとき, 次の和を求めよ。 (㉘p.16 練習 22)

(1) $\dfrac{1}{a_1} + \dfrac{1}{a_2} + \cdots\cdots + \dfrac{1}{a_n}$

(2) $a_1{}^2 + a_2{}^2 + \cdots\cdots + a_n{}^2$

□*37 初項が 3，末項が 192，初項から末項までの和が 381 である等比数列の公比と項数を求めよ。

⊗p.17 練習 24

□38 第 4 項が 24，初項から第 4 項までの和が 15 である等比数列の初項と公比を求めよ。ただし，公比は実数とする。

⊗p.17 練習 24

◀━━━━━━◆ **C** ◆━━━━━━▶

□39 等比数列をなす 3 つの数があり，3 つの数の和は −7，積は 27 である。この 3 つの数を求めよ。

例題 3

1 年ごとの複利法で年利率 r を 3% とするとき，次の問いに答えよ。

ただし，$1.03^{10}=1.344$ とし，千円未満は切り捨てて答えよ。

(1) 元金 10 万円を 10 年間預けたとき，10 年後の元利合計はいくらになるか。

(2) 毎年のはじめに 10 万円ずつ積み立てるとき，10 年後の元利合計はいくらになるか。

〈考え方〉 (1) 1 年終わるごとに，元利合計は前年の $(1+r)$ 倍になる。

(2) 1 年目のはじめの 10 万円は 10 年間預けるから　$10\times(1+0.03)^{10}$（万円）

2 年目のはじめの 10 万円は 9 年間預けるから　$10\times(1+0.03)^{9}$（万円）

………　　　　　　　………

10 年目のはじめの 10 万円は 1 年間預けるから　$10\times(1+0.03)$（万円）

10 年後の元利合計はこれらの和になる。

解答 (1) 10 年後の元利合計は

$$10\times(1+0.03)^{10}=10\times1.03^{10}$$
$$=10\times1.344=13.44$$

よって，求める元利合計は　**13.4 万円**　答

(2) 積立預金の 10 年後の元利合計は

$$10\times(1+0.03)^{10}+10\times(1+0.03)^{9}+\cdots\cdots+10\times(1+0.03)^{2}+10\times(1+0.03)$$
$$=10\times(1.03+1.03^{2}+\cdots\cdots+1.03^{9}+1.03^{10})$$
$$=\frac{10\times1.03\times(1.03^{10}-1)}{1.03-1}$$
$$=\frac{10.3\times0.344}{0.03}=118.1\cdots$$

よって，求める元利合計は　**118.1 万円**　答

□40 年利率 5% で毎年のはじめに 20 万円ずつ積み立てるとき，8 年後の元利合計はいくらになるか。ただし，1 年ごとの複利法で $1.05^{8}=1.477$ とし，千円未満は切り捨てて答えよ。

2節　いろいろな数列

1 **和の記号 Σ**

数列 $\{a_n\}$ の初項 a_1 から第 n 項 a_n までの和を記号 Σ を用いて

$$a_1+a_2+a_3+\cdots\cdots+a_n=\sum_{k=1}^{n} a_k \quad \text{と表す。}$$

2 **数列の和の公式**

$$\sum_{k=1}^{n} c=nc \quad \text{とくに} \quad \sum_{k=1}^{n} 1=n$$

$$\sum_{k=1}^{n} k=1+2+3+\cdots\cdots+n=\frac{1}{2}n(n+1) \qquad \sum_{k=1}^{n} k^2=1^2+2^2+3^2+\cdots\cdots+n^2=\frac{1}{6}n(n+1)(2n+1)$$

$$\sum_{k=1}^{n} k^3=1^3+2^3+3^3+\cdots\cdots+n^3=\left\{\frac{1}{2}n(n+1)\right\}^2=\frac{1}{4}n^2(n+1)^2 \quad \sum_{k=1}^{n} ar^{k-1}=\frac{a(1-r^n)}{1-r}=\frac{a(r^n-1)}{r-1} \quad (r\neq1)$$

3 **Σ の性質**

1. $\displaystyle\sum_{k=1}^{n} (a_k+b_k)=\sum_{k=1}^{n} a_k+\sum_{k=1}^{n} b_k$

2. $\displaystyle\sum_{k=1}^{n} ca_k=c\sum_{k=1}^{n} a_k$

一般に　$\displaystyle\sum_{k=1}^{n} (pa_k+qb_k)=p\sum_{k=1}^{n} a_k+q\sum_{k=1}^{n} b_k \quad (c,\ p,\ q \text{ は定数})$

A

□**41** 次の式を，数列の項の和の形で表せ。　　　　　　　　　　　　教 p.20 練習 1

(1) $\displaystyle\sum_{k=1}^{5} (3k+1)$ 　　　　　　　　　　(2) $\displaystyle\sum_{k=1}^{6} k(k+1)$

(3) $\displaystyle\sum_{k=1}^{n} (k+1)^2$ 　　　　　　　　　　(4) $\displaystyle\sum_{k=1}^{n} 2^k$

□**42** 次の和を，Σ を用いて表せ。　　　　　　　　　　　　　　　教 p.20 練習 2

*(1) $1^2+2^2+3^2+\cdots\cdots+20^2$ 　　　　(2) $1^2\cdot3+2^2\cdot5+3^2\cdot7+4^2\cdot9+5^2\cdot11$

*(3) $18+14+10+\cdots\cdots+(22-4n)$ 　　　*(4) $3^3+3^4+3^5+\cdots\cdots+3^{20}$

(5) $1+\dfrac{1}{2}+\dfrac{1}{3}+\cdots\cdots+\dfrac{1}{n}$ 　　　　*(6) $5+8+11+\cdots\cdots+26$

□**43** 次の式のうち，$\displaystyle\sum_{k=1}^{4} (4k+3)$ と等しいものをすべて選べ。　　　　教 p.20

① $\displaystyle\sum_{i=1}^{4} (4i+3)$ 　　　　　　　　　　② $\displaystyle\sum_{j=2}^{5} (4j+3)$

③ $\displaystyle\sum_{k=0}^{4} (4k+7)$ 　　　　　　　　　　④ $\displaystyle\sum_{p=2}^{5} (4p-1)$

□ **44** 次の和を求めよ。 教 p.22 練習 3

(1) $\displaystyle\sum_{k=1}^{10} 4$　　　　*(2) $\displaystyle\sum_{k=1}^{30} k$　　　　*(3) $\displaystyle\sum_{k=1}^{14} k^2$　　　　*(4) $\displaystyle\sum_{i=1}^{8} i^3$

□ **45** 次の和を求めよ。 教 p.23 練習 4

*(1) $\displaystyle\sum_{k=1}^{n} (4k-3)$　　　　　　(2) $\displaystyle\sum_{k=1}^{n} (3k^2+5k)$

*(3) $\displaystyle\sum_{k=1}^{n} k^2(k-3)$　　　　　　(4) $\displaystyle\sum_{k=1}^{n} (2k-1)^2$

*(5) $\displaystyle\sum_{k=1}^{n} 4\cdot 5^{k-1}$　　　　　　(6) $\displaystyle\sum_{k=1}^{n} (5^k+2^k)$

□ *46 次の数列の初項から第 n 項までの和 S_n を求めよ。 教 p.23 練習 5

(1) $1\cdot 2,\ 2\cdot 4,\ 3\cdot 6,\ 4\cdot 8,\ \cdots\cdots$　　　　(2) $1^2,\ 4^2,\ 7^2,\ 10^2,\ \cdots\cdots$

B

□ **47** 次の和を求めよ。 (教 p.22 練習 3)

*(1) $\displaystyle\sum_{k=1}^{n-1} 3k^2$　　　　　　(2) $\displaystyle\sum_{k=1}^{2n+1} (2k-3)$

(3) $\displaystyle\sum_{k=5}^{10} k^3$　　　　　　*(4) $\displaystyle\sum_{k=1}^{n} (2k+n)$

□ **48** 次の和を求めよ。 (教 p.23 練習 4)

*(1) $\displaystyle\sum_{k=1}^{n} (k+2)(3k-1)$　　　　(2) $\displaystyle\sum_{k=1}^{n} k(k-1)(k-2)$

(3) $\displaystyle\sum_{k=1}^{n} (-3)^{k-1}$　　　　　　*(4) $\displaystyle\sum_{k=1}^{n} \frac{1}{2^{k-1}}$

(5) $\displaystyle\sum_{k=1}^{n} (2^k+1)(4^k-2^k+1)$

□ **49** 次の数列の初項から第 n 項までの和 S_n を求めよ。 (教 p.23 練習 5)

*(1) $4\cdot(-2),\ 6\cdot 1,\ 8\cdot 4,\ 10\cdot 7,\ \cdots\cdots$

(2) $1\cdot 1^2,\ 3\cdot 2^2,\ 5\cdot 3^2,\ 7\cdot 4^2,\ \cdots\cdots$

□ **50** 次の数列の第 k 項を k の式で表せ。また，初項から第 n 項までの和 S_n を求めよ。

(1) $2,\ 2+4,\ 2+4+6,\ 2+4+6+8,\ \cdots\cdots$ (教 p.23 練習 5)

(2) $1,\ 1+4,\ 1+4+7,\ 1+4+7+10,\ \cdots\cdots$

*(3) $1,\ 1+3,\ 1+3+9,\ 1+3+9+27,\ \cdots\cdots$

C

例題 4

次の数列の和を求めよ。

$$2 \cdot n, \ 4 \cdot (n-1), \ 6 \cdot (n-2), \ \cdots\cdots, \ 2(n-1) \cdot 2, \ 2n \cdot 1$$

〈考え方〉数列の式に n を含む場合は，一般項を「第 n 項」とできないので，「第 k 項」として考える。
第 k 項は数列 2, 4, 6, $\cdots$, $2n$ の k 番目の項 $2k$ と，数列 n, $n-1$, $n-2$, $\cdots$, 1 の
k 番目の項 $n-(k-1)$ の積 $2k \cdot \{n-(k-1)\} = 2(n+1)k - 2k^2$

解答 与えられた数列の第 k 項 a_k は

$$a_k = 2k \cdot \{n-(k-1)\} = 2(n+1)k - 2k^2$$

よって，求める数列の和 S_n は

$$S_n = \sum_{k=1}^{n} a_k = \sum_{k=1}^{n} \{2(n+1)k - 2k^2\}$$

$$= 2(n+1) \sum_{k=1}^{n} k - 2 \sum_{k=1}^{n} k^2 \quad \leftarrow \boxed{\begin{array}{l} k \text{ 以外の文字を含む} \\ (n+1) \text{ は定数とみる。} \end{array}}$$

$$= 2(n+1) \cdot \frac{1}{2} n(n+1) - 2 \cdot \frac{1}{6} n(n+1)(2n+1)$$

$$= \frac{1}{3} n(n+1)\{3(n+1) - (2n+1)\} = \frac{1}{3} n(n+1)(n+2) \quad \boxed{答}$$

□**51** 次の数列の和を求めよ。

(1) $1 \cdot (n+1), \ 2 \cdot (n+2), \ 3 \cdot (n+3), \ \cdots\cdots, \ n \cdot (n+n)$

(2) $1^2 \cdot n, \ 2^2 \cdot (n-1), \ 3^2 \cdot (n-2), \ \cdots\cdots, \ (n-1)^2 \cdot 2, \ n^2 \cdot 1$

例題 5

次の数列の一般項を求めよ。

$$9, \ 99, \ 999, \ 9999, \ \cdots\cdots$$

〈考え方〉 $9, \ 99 = 9 + 90, \ 999 = 9 + 90 + 900, \ \cdots\cdots$ のように等比数列の和で表す。

解答 与えられた数列の一般項を a_n とすると

$$a_n = 9 + 90 + 900 + \cdots\cdots + 9 \times 10^{n-1} \quad \leftarrow \boxed{\begin{array}{l} \text{初項 9，公比 10，項数 } n \\ \text{の等比数列の和} \end{array}}$$

$$= \frac{9 \cdot (10^n - 1)}{10 - 1} = 10^n - 1 \quad \boxed{答}$$

別解 $9 = 10 - 1, \ 99 = 10^2 - 1, \ \cdots\cdots$ と考えると

$$a_n = 10^n - 1 \quad \boxed{答}$$

□**52** 次の数列の一般項および，初項から第 n 項までの和 S_n を求めよ。

$$3, \ 33, \ 333, \ 3333, \ \cdots\cdots$$

2　階差数列

数列 $\{a_n\}$ の隣り合う 2 つの項の差 $b_n=a_{n+1}-a_n$ $(n=1,\ 2,\ 3,\ \cdots)$ を項とする数列 $\{b_n\}$ を，数列 $\{a_n\}$ の階差数列という。

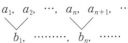

$n\geqq 2$ のとき　$a_n=a_1+\displaystyle\sum_{k=1}^{n-1}b_k$

（注意）　$n=1$ のときにも成立することを必ず確認すること。

A

□***53** 次の数列の一般項を求めよ。

(1)　$1,\ 2,\ 5,\ 10,\ 17,\ \cdots$

(2)　$20,\ 18,\ 14,\ 8,\ \cdots$

B

□**54** 次の数列の一般項を求めよ。

*(1)　$0,\ \dfrac{1}{6},\ \dfrac{1}{2},\ 1,\ \dfrac{5}{3},\ \cdots$

(2)　$1,\ 1,\ 2,\ 6,\ 15,\ \cdots$

C

例題 6

次の数列の一般項を求めよ。

$3,\ 4,\ 7,\ 14,\ 27,\ 48,\ 79,\ \cdots$

〈考え方〉 数列 $\{a_n\}$ の階差数列 $\{b_n\}$ をとり，規則性が見つからないときは，さらに数列 $\{b_n\}$ の階差数列 $\{c_n\}$ をとってみる。（$\{c_n\}$ を $\{a_n\}$ の第 2 階差数列と呼ぶこともある。）

解答　この数列を $\{a_n\}$，

$\{a_n\}$ の階差数列を $\{b_n\}$，

$\{b_n\}$ の階差数列を $\{c_n\}$ とおくと

$\{a_n\}:3,\ 4,\ 7,\ 14,\ 27,\ 48,\ 79,\ \cdots$

$\{b_n\}:\ 1,\ 3,\ 7,\ 13,\ 21,\ 31,\ \cdots$

$\{c_n\}:\ \ 2,\ 4,\ 6,\ 8,\ 10,\ \cdots$

$c_n=2+(n-1)\cdot 2=2n$

$n\geqq 2$ のとき　$b_n=b_1+\displaystyle\sum_{k=1}^{n-1}c_k=1+\sum_{k=1}^{n-1}2k=1+2\cdot\frac{1}{2}(n-1)\cdot n=n^2-n+1$

$n=1$ のとき，$1^2-1+1=1=b_1$ より，これは $n=1$ のときも成り立つ。

よって，$n\geqq 2$ のとき　$a_n=a_1+\displaystyle\sum_{k=1}^{n-1}b_k=3+\sum_{k=1}^{n-1}(k^2-k+1)=\frac{1}{3}(n^3-3n^2+5n+6)$

$n=1$ のとき，$\dfrac{1}{3}(1^3-3\cdot 1^2+5\cdot 1+6)=3=a_1$ より，$n=1$ のときも成り立つ。

ゆえに　$a_n=\dfrac{1}{3}(n^3-3n^2+5n+6)$　**答**

□**55** 次の数列の一般項を求めよ。

(1)　$1,\ 3,\ 6,\ 12,\ 23,\ 41,\ \cdots$

(2)　$2,\ 5,\ 9,\ 15,\ 25,\ 43,\ \cdots$

1 **数列の和と一般項**

数列 $\{a_n\}$ の初項から第 n 項までの和を S_n とすると

$n=1$ のとき $a_1=S_1$

$n\geqq2$ のとき $a_n=S_n-S_{n-1}$

2 **いろいろな数列の和**

▶**分数の数列の和**

部分分数に分解する。

(例) $\dfrac{1}{k(k+1)}=\dfrac{(k+1)-k}{k(k+1)}=\dfrac{k+1}{k(k+1)}-\dfrac{k}{k(k+1)}=\dfrac{1}{k}-\dfrac{1}{k+1}$

とくに，$\dfrac{1}{k+a}-\dfrac{1}{k+b}=\dfrac{(k+b)-(k+a)}{(k+a)(k+b)}=\dfrac{b-a}{(k+a)(k+b)}$ であるから，

$\dfrac{1}{(k+a)(k+b)}=\dfrac{1}{b-a}\left(\dfrac{1}{k+a}-\dfrac{1}{k+b}\right)$

▶**(等差数列)×(等比数列) 型の数列の和**

等比数列の公比が r のとき，求める和を S とし，$S-rS$ から和を求める。

(例) $S=1+2x+3x^2+\cdots\cdots+nx^{n-1}$ $(x\neq1)$

両辺に x をかけて $S-xS$ を計算して S を求める。

3 **群数列**

・もとの数列の規則や群に分ける分け方に着目する。

・第 1 群から第 $(n-1)$ 群までに含まれる項の総数を考える。

A

□ **56** 初項から第 n 項までの和 S_n が次のように表される数列の一般項を求めよ。

(1) $S_n=n^2+3n$ *(2) $S_n=n^2+3n-3$ @p.26 練習7

*(3) $S_n=2^n-1$ (4) $S_n=3^n+1$

□ **57** 次の和 S を求めよ。 @p.27 練習8, 問2

*(1) $S=\dfrac{1}{2\cdot3}+\dfrac{1}{3\cdot4}+\dfrac{1}{4\cdot5}+\cdots\cdots+\dfrac{1}{(n+1)(n+2)}$

(2) $S=\dfrac{1}{3\cdot7}+\dfrac{1}{7\cdot11}+\dfrac{1}{11\cdot15}+\cdots\cdots+\dfrac{1}{(4n-1)(4n+3)}$

(3) $S=\dfrac{1}{1\cdot3}+\dfrac{1}{3\cdot5}+\dfrac{1}{5\cdot7}+\cdots\cdots+\dfrac{1}{(2n-1)(2n+1)}$

□*58 次の和 S を求めよ。 教p.28 練習9

(1) $S = 1\cdot1 + 2\cdot3 + 3\cdot3^2 + 4\cdot3^3 + \cdots\cdots + n\cdot3^{n-1}$

(2) $S = \dfrac{1}{1} + \dfrac{2}{2} + \dfrac{3}{2^2} + \dfrac{4}{2^3} + \cdots\cdots + \dfrac{n}{2^{n-1}}$

□59 数列 $\{a_n\}$: 1, 4, 7, 10, 13, 16, 19, 22, 25, …… を次のように1個, 2個, 3個 ……の群に分ける。

1 | 4, 7 | 10, 13, 16 | 19, 22, 25, …… 教p.29 練習10

第1群 第2群 第3群

(1) 数列 $\{a_n\}$ の一般項を求めよ。

*(2) 第 k 群の最初の項は、数列 $\{a_n\}$ の第何項か。

(3) 第 k 群の最初の項を求めよ。

*(4) 第 k 群に含まれるすべての項の和を求めよ。

□60 次の和を求めよ。 (教p.27)

*(1) $\displaystyle\sum_{k=1}^{10}\left\{\dfrac{1}{k^2} - \dfrac{1}{(k+1)^2}\right\}$ (2) $\displaystyle\sum_{k=1}^{80}(\sqrt{k+1} - \sqrt{k})$

□61 次の和を求めよ。 (教p.27)

*(1) $\displaystyle\sum_{k=1}^{n}\dfrac{3}{9k^2 + 3k - 2}$

*(2) $\displaystyle\sum_{k=1}^{n}\dfrac{1}{\sqrt{4k-2} + \sqrt{4k+2}}$

(3) $\dfrac{1}{2^2-1} + \dfrac{1}{4^2-1} + \dfrac{1}{6^2-1} + \cdots\cdots + \dfrac{1}{(2n)^2-1}$

(4) $\dfrac{1}{1\cdot3} + \dfrac{1}{2\cdot4} + \dfrac{1}{3\cdot5} + \cdots\cdots + \dfrac{1}{n(n+2)}$

□62 次の問いに答えよ。 (教p.27)

(1) 次の等式を満たす定数 A の値を求めよ。

$$\dfrac{1}{k(k+1)} - \dfrac{1}{(k+1)(k+2)} = \dfrac{A}{k(k+1)(k+2)}$$

(2) (1)を利用して、和 $\displaystyle\sum_{k=1}^{n}\dfrac{1}{k(k+1)(k+2)}$ を求めよ。

◆◆◆ C ◆◆◆

例題 7

次の和 S を求めよ。

$$S = 2x + 4x^3 + 6x^5 + 8x^7 + \cdots\cdots + 2nx^{2n-1}$$

〈考え方〉 (等差)×(等比) 型の数列の和では，両辺に等比数列の公比を掛けて，S との差を計算をする。
(公比)≠1 のときと (公比)=1 のときに分けて和を求める。

解答

$$S = 2x + 4x^3 + 6x^5 + \cdots\cdots + 2nx^{2n-1}$$

$$x^2 S = \qquad 2x^3 + 4x^5 + \cdots\cdots + 2(n-1)x^{2n-1} + 2nx^{2n+1}$$

辺々の差をとると

$$(1-x^2)S = 2x + 2x^3 + 2x^5 + \cdots\cdots + 2x^{2n-1} - 2nx^{2n+1}$$

$x \neq \pm 1$ のとき ◀――――――――― 公比≠1 か公比=1 かで場合分け

$$(1-x^2)S = \frac{2x\{1-(x^2)^n\}}{1-x^2} - 2nx^{2n+1}$$

$$= \frac{2x\{1-(x^2)^n\} - 2nx^{2n+1}(1-x^2)}{1-x^2}$$

$$= \frac{2x\{(1-x^{2n}) - nx^{2n}(1-x^2)\}}{1-x^2}$$

$$= \frac{2x\{1-(n+1)x^{2n} + nx^{2n+2}\}}{1-x^2}$$

ゆえに $\quad S = \dfrac{2x\{1-(n+1)x^{2n} + nx^{2n+2}\}}{(1-x^2)^2}$

$x=1$ のとき

$$S = 2 + 4 + 6 + \cdots\cdots + 2n = \sum_{k=1}^{n} 2k = n(n+1)$$

$x=-1$ のとき

$$S = -2 - 4 - 6 - \cdots\cdots - 2n = \sum_{k=1}^{n} (-2k) = -n(n+1)$$

よって $\quad \boldsymbol{x \neq \pm 1}$ **のとき** $\quad S = \dfrac{2x\{1-(n+1)x^{2n} + nx^{2n+2}\}}{(1-x^2)^2}$

$\qquad \boldsymbol{x=1}$ **のとき** $\quad S = n(n+1)$ ⎫ **答**

$\qquad \boldsymbol{x=-1}$ **のとき** $\quad S = -n(n+1)$ ⎭

□ **63** 次の和 S を求めよ。

(1) $S = 2 + 4x + 6x^2 + \cdots\cdots + 2nx^{n-1}$

(2) $S = 1 + 3x + 5x^2 + \cdots\cdots + (2n-1)x^{n-1}$

例題 8

数列 $\dfrac{1}{2}$, $\dfrac{1}{4}$, $\dfrac{3}{4}$, $\dfrac{1}{6}$, $\dfrac{3}{6}$, $\dfrac{5}{6}$, $\dfrac{1}{8}$, $\dfrac{3}{8}$, $\dfrac{5}{8}$, $\dfrac{7}{8}$, $\dfrac{1}{10}$, $\dfrac{3}{10}$, ……

について，次の問いに答えよ。

(1) $\dfrac{7}{30}$ は第何項か求めよ。　　(2) 初項から $\dfrac{7}{30}$ までの和を求めよ。

〈考え方〉分母が等しい分数で群に分ける。

解答 (1) $\dfrac{1}{2}$ $\bigg|$ $\dfrac{1}{4}$, $\dfrac{3}{4}$ $\bigg|$ $\dfrac{1}{6}$, $\dfrac{3}{6}$, $\dfrac{5}{6}$ $\bigg|$ $\dfrac{1}{8}$, …

のように分母が等しい分数で群に分けると，

第 n 群には $2n$ を分母とする n 個の項が含まれる。

$\dfrac{7}{30}$ は第 15 群の 4 番目の項であるから

$$(1+2+3+\cdots\cdots+14)+4=\dfrac{1}{2}\cdot14\cdot15+4=109$$

> 第 1 群〜第 14 群の項の総数＋4 項

よって，**第 109 項**

(2) 第 k 群の和は

$$\dfrac{1}{2k}+\dfrac{3}{2k}+\dfrac{5}{2k}+\cdots\cdots+\dfrac{2k-1}{2k}=\dfrac{1}{2k}\{1+3+5+\cdots\cdots+(2k-1)\}$$
$$=\dfrac{1}{2k}\cdot k^2=\dfrac{k}{2}$$

よって，求める和を S とすると

$$S=\sum_{k=1}^{14}\dfrac{k}{2}+\left(\dfrac{1}{30}+\dfrac{3}{30}+\dfrac{5}{30}+\dfrac{7}{30}\right)$$
$$=\dfrac{1}{2}\cdot\dfrac{1}{2}\cdot14\cdot15+\dfrac{16}{30}=\dfrac{\mathbf{1591}}{\mathbf{30}}$$ **答**

□ **64** 数列 $\dfrac{1}{2}$, $\dfrac{1}{3}$, $\dfrac{2}{3}$, $\dfrac{1}{4}$, $\dfrac{2}{4}$, $\dfrac{3}{4}$, $\dfrac{1}{5}$, $\dfrac{2}{5}$, $\dfrac{3}{5}$, $\dfrac{4}{5}$, $\dfrac{1}{6}$, $\dfrac{2}{6}$, ……について，

次の問いに答えよ。

(1) $\dfrac{13}{21}$ は第何項か求めよ。　　(2) 初項から $\dfrac{13}{21}$ までの和を求めよ。

□ **65** 数列 1, 2, 2, 3, 3, 3, 4, 4, 4, 4, 5, ……について，次の問いに答えよ。

(1) 20 が初めて現れるのは第何項か。

(2) 初項から第 100 項までの和を求めよ。

3節 漸化式と数学的帰納法

教 p.31〜34

1 漸化式

1 漸化式

数列 $\{a_n\}$ において，隣り合う項の間の関係式を，数列 $\{a_n\}$ の漸化式という。

数列 $\{a_n\}$ は，初項と漸化式を与えると，すべての項がただ1通りに決まる。

2 漸化式と一般項　　3 漸化式 $a_{n+1}=pa_n+q$　　4 漸化式の応用

1. $a_{n+1}=a_n+d$　　→　公差 d の等差数列

2. $a_{n+1}=ra_n$　　→　公比 r の等比数列

3. $a_{n+1}=a_n+f(n)$　　→　$\{a_n\}$ の階差数列が $\{f(n)\}$

4. $a_{n+1}=pa_n+q$ $(p \neq 1)$　　→　$a_{n+1}-\alpha=p(a_n-\alpha)$ と変形

　　数列 $\{a_n-\alpha\}$ は初項 $a_1-\alpha$，公比 p の等比数列。α は $\alpha=p\alpha+q$ を満たす。

1〜4以外の型の漸化式も，式変形や適当な置き換えによって，1〜4の型に帰着できることがある。

A

□ **66** 次の式で定められる数列 $\{a_n\}$ の初項から第5項までをかけ。　　教 p.31 練習 1

(1) $a_1=1,\ a_{n+1}=2a_n-1$　　　　　　*(2) $a_1=1,\ a_{n+1}=a_n{}^2+n$

□ *67 次の式で定められる数列 $\{a_n\}$ の一般項を求めよ。　　教 p.32 練習 2

(1) $a_1=2,\ a_{n+1}=a_n+5$　　　　　　(2) $a_1=1,\ a_{n+1}=7a_n$

□ *68 次の式で定められる数列 $\{a_n\}$ の一般項を求めよ。　　教 p.32 練習 3

(1) $a_1=1,\ a_{n+1}=a_n+4n$　　　　　　(2) $a_1=2,\ a_{n+1}=a_n+2^{n-1}$

□ **69** 次の式で定められる数列 $\{a_n\}$ の一般項を求めよ。　　教 p.33 練習 4

(1) $a_1=2,\ a_{n+1}=3a_n+2$　　　　　*(2) $a_1=3,\ a_{n+1}=-2a_n+6$

B

□ *70 右の図のように1辺の長さが1の正三角形の
タイルを並べ，1辺の長さが1，2，3，……
の正三角形を作る。
1辺の長さが n の正三角形を作るのに必要
なタイルの枚数を a_n とするとき，次の問い
に答えよ。　　教 p.34 練習 5

(1) a_{n+1} を a_n で表せ。　　　　　　(2) a_n を求めよ。

□ **71** 次の式で定められる数列 $\{a_n\}$ の一般項を求めよ。 (教) p.32 練習 3)

$$a_1=1, \quad a_{n+1}=a_n+\frac{1}{n(n+1)}$$

C

例題 9

次の式で定められる数列 $\{a_n\}$ の一般項を求めよ。

$$a_1=1, \quad a_{n+1}=\frac{a_n}{a_n+2}$$

考え方 両辺の逆数をとり、既知の漸化式の形を導く。ただし、$a_n \neq 0 \ (n \geqq 1)$ であることに注意する。

解答 $a_1>0$ であり、漸化式よりすべての自然数 n に対して $a_n>0$ であるから、

両辺の逆数をとることができて

$$\frac{1}{a_{n+1}}=\frac{a_n+2}{a_n}=\frac{2}{a_n}+1$$

ここで、$b_n=\dfrac{1}{a_n}$ とおくと

$$b_{n+1}=2b_n+1, \quad b_1=\frac{1}{a_1}=1$$

漸化式 $b_{n+1}=2b_n+1$ を変形すると

$$b_{n+1}+1=2(b_n+1) \longleftarrow \boxed{\begin{array}{l}\alpha=2\alpha+1 \text{ より}\\ \alpha=-1\end{array}}$$

さらに、$c_n=b_n+1$ とおくと

$$c_{n+1}=2c_n, \quad c_1=b_1+1=1+1=2 \longleftarrow \boxed{\begin{array}{l}\text{数列 } \{c_n\} \text{ は初項 2,}\\ \text{公比 2 の等比数列}\end{array}}$$

$$c_n=2\cdot2^{n-1}=2^n$$

ゆえに $b_n=c_n-1=2^n-1$

したがって $\boldsymbol{a_n=\dfrac{1}{b_n}=\dfrac{1}{2^n-1}}$ **答**

□ **72** 次の式で定められる数列 $\{a_n\}$ の一般項を求めよ。

(1) $a_1=1, \ a_{n+1}=\dfrac{2a_n}{a_n+2}$ (2) $a_1=1, \ a_{n+1}=\dfrac{2a_n}{4a_n+3}$

□ **73** 次の式で定められる 2 つの数列 $\{a_n\}$, $\{b_n\}$ について、次の問いに答えよ。

$$a_1=1, \ b_1=4, \ a_{n+1}=4a_n+b_n, \ b_{n+1}=a_n+4b_n$$

(1) $c_n=a_n+b_n$, $d_n=a_n-b_n$ とする。数列 $\{c_n\}$, $\{d_n\}$ の一般項を求めよ。

(2) 数列 $\{a_n\}$, $\{b_n\}$ の一般項を求めよ。

ヒント **73** (1) c_{n+1}, d_{n+1} を a_n, b_n の式で表してみる。

1　**数学的帰納法**　　2　**等式の証明**　　3　**不等式の証明**

自然数 n に関する命題 P が，すべての自然数 n について成り立つことを

数学的帰納法によって証明するには，次の(I)，(II)を示す。

(I)　$n=1$ のとき，命題 P が成り立つ。

(II)　$n=k$ のとき，命題 P が成り立つと仮定すると，

　　　$n=k+1$ のときにも，命題 P が成り立つ。

4　**整数の性質の証明**

整数 p の倍数は，整数 m を用いて，pm の形で表すことができる。

5　**漸化式と数学的帰納法**

式変形や置き換えによって一般項が求めにくいときは，一般項を推定し，

その推定が正しいことを，数学的帰納法で証明してもよい。

◆**A**◆

☐ **74**　n が自然数のとき，次の等式を数学的帰納法によって証明せよ。　　教p.36 練習6

　*(1)　$3+5+7+\cdots\cdots+(2n+1)=n(n+2)$

　(2)　$2+2\cdot3+2\cdot3^2+\cdots\cdots+2\cdot3^{n-1}=3^n-1$

◆**B**◆

☐ *75　n が 4 以上の自然数のとき，不等式 $2^n>4n-1$ を数学的帰納法によって証明せよ。

教p.37 練習7

☐ *76　n が自然数のとき，5^n-1 は 4 の倍数であることを数学的帰納法によって証明せよ。

教p.38 練習8

☐ *77　$a_1=2$，$a_{n+1}=\dfrac{a_n{}^2-1}{n}$ で定められる数列 $\{a_n\}$ について，次の問いに答えよ。

　(1)　a_2，a_3，a_4 を求め，一般項 a_n を推定せよ。　　　　　（教p.39 練習9)

　(2)　(1)の推定が正しいことを，数学的帰納法によって証明せよ。

☐ **78**　次のように定められる数列 $\{a_n\}$ の一般項を求めよ。　　教p.39 練習9

　　　$a_1=1$，$a_{n+1}=\dfrac{a_n-4}{a_n-3}$　$(n=1,\ 2,\ 3,\ \cdots\cdots)$

☐ **79**　n が自然数のとき，等式 $\dfrac{1}{2}+\dfrac{2}{4}+\dfrac{3}{8}+\cdots\cdots+\dfrac{n}{2^n}=2-\dfrac{n+2}{2^n}$ を数学的帰納法によっ

て証明せよ。

教p.36 練習6)

━━━━━━ **C** ━━━━━━

□ **80** $h>0$, n が 2 以上の自然数のとき，不等式 $(1+h)^n>1+nh$ を数学的帰納法によって証明せよ。

□ **81** n が自然数のとき，$3^{n+1}+4^{2n-1}$ は 13 の倍数であることを数学的帰納法によって証明せよ。

例題 10

$x+y=\alpha+\beta$, $x^2+y^2=\alpha^2+\beta^2$ であるとき，次の問いに答えよ。

(1) $xy=\alpha\beta$ であることを証明せよ。

(2) n が自然数のとき，$x^n+y^n=\alpha^n+\beta^n$ が成り立つことを数学的帰納法によって証明せよ。

考え方 (2) $n=k$, $k+1$ のときに成り立つと仮定して，$n=k+2$ のときも成り立つことを示す。

解答 (1) $x^2+y^2=(x+y)^2-2xy$ であるから

$$(x+y)^2-2xy=\alpha^2+\beta^2$$

$x+y=\alpha+\beta$ より $(\alpha+\beta)^2-2xy=\alpha^2+\beta^2$

よって $2xy=(\alpha+\beta)^2-(\alpha^2+\beta^2)=2\alpha\beta$

すなわち $xy=\alpha\beta$ 終

(2) $x^n+y^n=\alpha^n+\beta^n$ ……① とおく。

(I) $n=1$, 2 のとき

仮定から，①は成り立つ。

(II) $n=k$, $k+1$ のとき，①が成り立つと仮定すると

$$x^k+y^k=\alpha^k+\beta^k \quad\cdots\cdots②$$
$$x^{k+1}+y^{k+1}=\alpha^{k+1}+\beta^{k+1} \quad\cdots\cdots③$$

$n=k+2$ のとき，①の左辺を②，③と $x+y=\alpha+\beta$, $xy=\alpha\beta$ を用いて変形すると

$$x^{k+2}+y^{k+2}=(x^{k+1}+y^{k+1})(x+y)-xy(x^k+y^k)$$
$$=(\alpha^{k+1}+\beta^{k+1})(\alpha+\beta)-\alpha\beta(\alpha^k+\beta^k)$$
$$=\alpha^{k+2}+\beta^{k+2}$$

よって，$n=k+2$ のときも①は成り立つ。

(I)，(II)より，①はすべての自然数 n について成り立つ。 終

□ **82** $x+y$, xy がともに整数で，n が自然数のとき，x^n+y^n は整数であることを数学的帰納法によって証明せよ。

研究 確率と漸化式 　　　　　　　　　　　　　　　　　　　教 p.43

複数回の試行を行う場合，$(n+1)$ 回目の試行で事象 A が起こる確率 P_{n+1} を，
n 回目の試行で事象 A が起こる確率 P_n と，その余事象が起こる確率 $1-P_n$ を用いて表し，
漸化式として考えるとよい場合がある。

◆ C ◆

□ **83** $\boxed{1}$，$\boxed{2}$，$\boxed{3}$ の 3 枚のカードの中から 1 枚を取り出し，数字を確認した後にもとに戻す
という操作を n 回繰り返す。　　　　　　　　　　　　　　　　　　教 p.43 演習 1

[1] n 回の操作のうち，$\boxed{1}$ のカードを奇数回取り出す確率を P_n とする。次の問いに
答えよ。

(1) P_1, P_2 を求めよ。　　　　　　　　(2) P_{n+1} を P_n で表せ。

(3) P_n を求めよ。

[2] n 回の操作で取り出したカードの数字の合計が偶数である確率を Q_n とする。次
の問いに答えよ。

(1) Q_1, Q_2 を求めよ。　　　　　　　　(2) Q_{n+1} を Q_n で表せ。

(3) Q_n を求めよ。

研究 $a_{n+1}=pa_n+f(n)$ の形の漸化式 　　　　　　　　　　教 p.44～45

漸化式を変形したり，適当に置き換えることで，既知の漸化式の形に帰着させる。

◆ B ◆

□ **84** 次の式で定められる数列 $\{a_n\}$ について，[1], [2] に答えよ。

$$a_1=0, \quad a_{n+1}=2a_n-3n+1 \quad \cdots\cdots①$$

教 p.44 演習 1

*[1] ①式の n に $n+1$ を代入した式を②として，②－①を考え，

$a_{n+1}-a_n=b_n$ とおく。

(1) b_1 の値を求めよ。また，b_{n+1} を b_n で表せ。

(2) 数列 $\{b_n\}$ の一般項を求めよ。

(3) 数列 $\{a_n\}$ の一般項を求めよ。

[2] ①式を $a_{n+1}-\{p(n+1)+q\}=2\{a_n-(pn+q)\}$ と変形し，

$a_n-(pn+q)=c_n$ とおく。

(1) 定数 p, q の値を求めよ。

(2) 数列 $\{c_n\}$ の一般項を求めよ。

(3) 数列 $\{a_n\}$ の一般項を求めよ。

□ **85** 次の式で定められる数列 $\{a_n\}$ について，[1]，[2]に答えよ。

⑳p.45 演習2

$$a_1 = 2, \quad a_{n+1} = 4a_n + 2^{n+1} \quad \cdots\cdots ①$$

*[1]　①式の両辺を 4^{n+1} で割り，$\dfrac{a_n}{4^n} = b_n$ とおく。

　(1)　数列 $\{b_n\}$ の一般項を求めよ。

　(2)　数列 $\{a_n\}$ の一般項を求めよ。

[2]　①式の両辺を 2^{n+1} で割り，$\dfrac{a_n}{2^n} = c_n$ とおく。

　(1)　数列 $\{c_n\}$ の一般項を求めよ。

　(2)　数列 $\{a_n\}$ の一般項を求めよ。

□ **86** 次の式で定められる数列 $\{a_n\}$ の一般項を求めよ。

(⑳p.45)

$$a_1 = 2, \quad a_{n+1} = 2a_n + 2^{n+1}$$

⑳p.45〜46

発展 隣接3項間の漸化式

漸化式 $a_{n+2} = pa_{n+1} + qa_n$ は，2次方程式 $t^2 - pt - q = 0$ の2つの解 α, β を用いて

$$a_{n+2} - \alpha a_{n+1} = \beta(a_{n+1} - \alpha a_n) \quad \text{または} \quad a_{n+2} - \beta a_{n+1} = \alpha(a_{n+1} - \beta a_n)$$

と変形することができる。

このことを用いて数列 $\{a_n\}$ の一般項を求めることができる。

B

□ **87** 次の式で定められる数列 $\{a_n\}$ の一般項を求めよ。

⑳p.46 演習1

*(1)　$a_1 = 1$, $a_2 = 2$, $a_{n+2} = 7a_{n+1} - 12a_n$

(2)　$a_1 = 1$, $a_2 = 4$, $a_{n+2} = -2a_{n+1} + 3a_n$

□ **88** 次の式で定められる数列 $\{a_n\}$ の一般項を求めたい。

$$a_1 = 1, \quad a_2 = 5, \quad a_{n+2} = 6a_{n+1} - 9a_n \quad \cdots\cdots ①$$

次の問いに答えよ。

(⑳p.46)

(1)　①式が $a_{n+2} - \alpha a_{n+1} = \beta(a_{n+1} - \alpha a_n)$ と変形できるように，定数 α, β の値を定めよ。

(2)　$a_{n+1} - \alpha a_n = b_n$ とおく。(1)の結果を用いて，数列 $\{b_n\}$ の一般項を求めよ。

(3)　数列 $\{a_n\}$ の一般項を求めよ。

《章末問題》

89 次の和を求めよ。

(1) $\displaystyle \sum_{i=1}^{n}\left\{\sum_{j=1}^{i}(2j-1)\right\}$

(2) $\displaystyle \sum_{k=1}^{n}\left\{\sum_{l=1}^{k}\left(\sum_{m=1}^{l}m\right)\right\}$

90 2つの等差数列 $\{a_n\}$: 7, 13, 19, ……, 499 と $\{b_n\}$: 2, 9, 16, ……, 499 に対して, 次の問いに答えよ。

(1) $\{a_n\}$ と $\{b_n\}$ に共通して含まれる数の最小の数を求めよ。

(2) $\{a_n\}$ と $\{b_n\}$ に共通して含まれる数はどのような数列となるか。

(3) $\{a_n\}$ と $\{b_n\}$ に共通して含まれる数の和を求めよ。

91 次の和を求めよ。

(1) 7 を分母とする既約分数のうち, 1 と 20 の間にあるもの

(2) 100 を分母とする既約分数のうち, 1 と 5 の間にあるもの

92 各項の逆数が等差数列であるような数列を調和数列という。

(1) 数列 $\{a_n\}$: 12, 6, 4, …… が調和数列であるとき, 一般項 a_n を求めよ。

(2) 調和数列 $\{b_n\}$ において, $b_3=3$, $b_8=1$ であるとき, 一般項 b_n を求めよ。

93 初項が等しい等差数列 $\{a_n\}$ と等比数列 $\{b_n\}$ がある。$c_n=a_n+b_n$ で定められる数列 $\{c_n\}$ において, $c_1=4$, $c_2=2$, $c_3=18$ である。このとき, 次の問いに答えよ。

ただし, 等比数列 $\{b_n\}$ の公比は正の値とする。

(1) 数列 $\{c_n\}$ の一般項を求めよ。

(2) 数列 $\{c_n\}$ の初項から第 n 項までの和を求めよ。

94 右の図のように, 1 辺の長さが 2 の正三角形 $A_1B_1C_1$ の各辺の中点を結んで正三角形 $A_2B_2C_2$ を作る。同様に, 正三角形 $A_2B_2C_2$ の各辺の中点を結んで正三角形 $A_3B_3C_3$ を作る。この操作を繰り返していくとき, 正三角形 $A_nB_nC_n$ の面積を S_n とする。

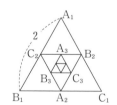

(1) S_{n+1} を S_n の式で表せ。

(2) 和 $S_1+S_2+S_3+\cdots\cdots+S_n$ を求めよ。

(3) S_n が初めて S_1 の $\dfrac{1}{1000}$ 倍より小さくなるときの n の値を求めよ。

☐ **95** 初項から第 n 項までの和 S_n が $S_n = 2n^2 - 5n + a$ と表される数列 $\{a_n\}$ が，等差数列となるように定数 a の値を定め，そのときの初項と公差を求めよ。

☐ **96** 数列 1, 2, 1, 3, 2, 1, 4, 3, 2, 1, 5, 4, 3, 2, 1, ……
について，次の問いに答えよ。
(1) 第 200 項を求めよ。　　　　　(2) 初項から第 200 項までの和を求めよ。

☐ **97** 数列 $\{a_n\}$ の初項から第 n 項までの和を S_n とする。
$S_n = 2a_n - n$ であるとき，次の問いに答えよ。
(1) a_1 を求めよ。　　　　　(2) a_{n+1} を a_n の式で表せ。
(3) 数列 $\{a_n\}$ の一般項を求めよ。

☐ **98** $a_1 = 2$, $a_{n+1} = \dfrac{2a_n + 1}{a_n + 2}$ で定められる数列 $\{a_n\}$ について，次の問いに答えよ。
(1) $b_n = \dfrac{a_n + 1}{a_n - 1}$ とおくとき，数列 $\{b_n\}$ の一般項を求めよ。
(2) 数列 $\{a_n\}$ の一般項を求めよ。

☐ **99** n が 2 以上の自然数のとき，次の不等式を証明せよ。
$$\frac{1}{1^2} + \frac{1}{2^2} + \frac{1}{3^2} + \cdots\cdots + \frac{1}{n^2} < 2 - \frac{1}{n}$$

Prominence

☐ **100** 次の式で定められた数列 $\{a_n\}$ の一般項の求め方について，実さんと教子さんが話をしている。
$$a_1 = 1, \quad na_{n+1} = 2(a_1 + a_2 + a_3 + \cdots\cdots + a_n) \quad \cdots\cdots ①$$

> 実　：①式の n に $n+1$ を代入すると
> $$(n+1)a_{n+2} = 2(a_1 + a_2 + a_3 + \cdots\cdots + a_n + a_{n+1}) \quad \cdots\cdots ②$$
> ②−①として整理すると　$(n+1)a_{n+2} = (n+2)a_{n+1}$
> この式から一般項を求めることができたよ。
> 教子：わたしは，条件から a_2, a_3, a_4 を求めたら一般項を推定できたから，
> それが正しいことを数学的帰納法で証明したよ。

2 人の求め方を参考にして，数列 $\{a_n\}$ の一般項を求めてみよう。

1節 確率分布

1 確率変数と確率分布 教p.48〜49

1つの試行において，その結果に応じて X の値が定まり，その値をとる確率が定まるとき，この X を 確率変数 という。

確率変数 X のとる値とその値をとる確率との対応関係を 確率分布 または 分布 といい，確率変数 X はこの分布に 従う という。

右の表のような確率分布について

X	x_1	x_2	$\cdots$	x_n	計
P	p_1	p_2	$\cdots$	p_n	1

$p_1 \geqq 0,\ p_2 \geqq 0,\ \cdots\cdots,\ p_n \geqq 0,\ p_1 + p_2 + \cdots\cdots + p_n = 1$

$X = a$ となる事象の確率を $P(X=a)$，

X が a 以上 b 以下の値をとるという事象の確率を $P(a \leqq X \leqq b)$ で表す。

A

□*101 1，2，3の数がかかれたカードが，それぞれ2枚，3枚，4枚ある。この9枚の中から1枚のカードを取り出すとき，そのカードにかかれた数を X とする。このとき，X の確率分布を求めよ。 教p.49練習1

□*102 大小2個のさいころを同時に投げる試行において，大きいさいころの出た目を a，小さいさいころの出た目を b とする。a を b で割った余りを X とするとき，次の問いに答えよ。 教p.49練習2

(1) X の確率分布を求めよ。　　　(2) $P(1 \leqq X \leqq 3)$ を求めよ。

B

□103 赤球3個と白球2個が入っている袋から，2個の球を同時に取り出し，その中に含まれる赤球の個数を X とする。X の確率分布を求めよ。 (教p.49練習1)

□104 1から9までの数がかかれた9枚のカードがある。この中から3枚のカードを同時に取り出すとき，その中に含まれる偶数がかかれたカードの枚数を X とする。次の問いに答えよ。 (教p.49練習2)

(1) X の確率分布を求めよ。　　　(2) $P(0 \leqq X \leqq 2)$ を求めよ。

C

□105 1個のさいころを3回投げるとき，出る目の最大値を X とする。次の問いに答えよ。

(1) X の確率分布を求めよ。　　　(2) $P(3 \leqq X \leqq 5)$ を求めよ。

2 　確率変数の期待値と分散・標準偏差　　　　　　　　　　　　教 p.50〜57

①　確率変数の期待値　　②　確率変数の分散と標準偏差

確率変数 X の確率分布が右のような表で与えられたとき

X	x_1	x_2	$\cdots$	x_n	計
P	p_1	p_2	$\cdots$	p_n	1

・X の期待値（平均）　$E(X)=\displaystyle\sum_{k=1}^{n} x_k p_k$
$$=x_1p_1+x_2p_2+\cdots\cdots+x_np_n$$

・X の分散　　　　　$V(X)=E((X-m)^2)=\displaystyle\sum_{k=1}^{n}(x_k-m)^2 p_k$　　　ただし，$m=E(X)$
$$=E(X^2)-\{E(X)\}^2$$

・X の標準偏差　　　$\sigma(X)=\sqrt{V(X)}$

③　$aX+b$ の期待値　　④　$aX+b$ の分散・標準偏差

a, b を定数，X を確率変数とするとき
$$E(aX+b)=aE(X)+b, \quad V(aX+b)=a^2V(X), \quad \sigma(aX+b)=|a|\sigma(X)$$

A

□ **106** 　1, 2, 3, 4 の数がかかれたカードが，それぞれ 4 枚，3 枚，2 枚，1 枚ある。この 10 枚の中から 1 枚のカードを取り出すとき，そのカードにかかれた数を X とする。このとき，X の確率分布と $E(X)$, $E(X^2)$ を求めよ。　教 p.51 練習 3

□ ***107** 　確率変数 X の確率分布が右のような表で与えられたとき，X の分散と標準偏差を求めよ。　教 p.53 練習 4

X	2	4	6	8	計
P	$\dfrac{1}{6}$	$\dfrac{2}{6}$	$\dfrac{2}{6}$	$\dfrac{1}{6}$	1

□ ***108** 　赤球 2 個と白球 1 個が入っている袋から，1 個の球を取り出し，色を調べてもとに戻す。これを 3 回繰り返すとき，赤球が出る回数を X とする。このとき，確率変数 X の期待値と標準偏差を求めよ。　教 p.54 練習 5

□ **109** 　確率変数 X の期待値が 4 であるとき，$Y=-2X+5$ で表される確率変数 Y の期待値を求めよ。　教 p.55 練習 6

□ **110** 　確率変数 X の期待値が -2 であるとき，$Y=aX+3$ で表される確率変数 Y の期待値が 5 となるように，定数 a の値を求めよ。　教 p.55 問 2

030

□ **111** 1から9までの数がかかれた9枚のカードがある。この中から4枚のカードを同時に取り出すとき，その中に含まれる奇数がかかれたカードの枚数を X とする。このとき，次の問いに答えよ。 教p.56 練習7

(1) X の期待値を求めよ。

(2) $Y=-9X+10$ とするとき，Y の期待値を求めよ。

□ **112** 確率変数 X の標準偏差が3であるとき，次の式で表される確率変数 Y の分散と標準偏差を求めよ。 教p.57 練習8

*(1) $Y=-2X+1$

(2) $Y=\dfrac{X+2}{3}$

B

□ **113** 100円硬貨3枚と500円硬貨1枚を同時に投げ，表が出た硬貨を賞金として受け取る。このとき，受け取る賞金の期待値を求めよ。 (教p.51 練習3)

□ **114** 1から5までの数がかかれた5枚のカードがある。この中から2枚のカードを同時に取り出すとき，カードにかかれた数の大きい方から小さい方を引いた値を X とする。このとき，X の期待値と分散を求めよ。 (教p.51～53)

□ **115** 確率変数 X に対して，$Y=2X-5$ で表される確率変数 Y の期待値が0，標準偏差が1となった。X の期待値と分散を求めよ。 (教p.55～57)

□ **116** 2，4，6，8，10の数がかかれた5枚のカードがある。この中から1枚のカードを取り出すとき，そのカードにかかれた数を X とする。次の問いに答えよ。 (教p.55～57)

(1) X の期待値と分散を求めよ。

(2) $Y=aX+b$ で表される確率変数 Y の期待値が20，分散が32であるような，定数 a，b の値を求めよ。ただし，$a>0$ とする。

(3) (2)のとき，$P(Y\geqq20)$ を求めよ。

□ **117** 赤球3個と白球2個が入っている袋から2個の球を同時に取り出し，取り出した赤球1個につき500点が得られるゲームがある。このゲームを1回行ったとき，取り出した2個の球に含まれる赤球の個数を X，得点を Y とする。このとき，X，Y の期待値，標準偏差をそれぞれ求めよ。 (教p.51～57)

3　確率変数の和と積　　　教p.58〜61

1　確率変数の和の期待値

2つの確率変数 X, Y に対して，$E(X+Y)=E(X)+E(Y)$ が成り立つ。

同様に，3つの確率変数 X, Y, Z に対して，$E(X+Y+Z)=E(X)+E(Y)+E(Z)$ が成り立つ。

2　独立な確率変数

確率変数 X がとる任意の値 x_i と確率変数 Y がとる任意の値 y_i に対して
$$P(X=x_i,\ Y=y_i)=P(X=x_i)P(Y=y_i)$$
がつねに成り立つとき，確率変数 X と Y は互いに **独立** であるという。

このとき　$E(XY)=E(X)E(Y)$，$V(X+Y)=V(X)+V(Y)$ が成り立つ。

同様に，3つの確率変数 X, Y, Z が互いに独立であるとき
$$E(XYZ)=E(X)E(Y)E(Z),\ V(X+Y+Z)=V(X)+V(Y)+V(Z)$$ が成り立つ。

A

*118　箱 A には1, 3, 5, 7, 9 の数がかかれた5個の球が，箱 B には2, 4, 6, 8 の数がかかれた4個の球がそれぞれ入っている。それぞれの箱から1個ずつ球を取り出したとき，取り出した球にかかれた数の和の期待値を求めよ。　教p.59練習9

119　1個のさいころを投げて，偶数の目が出れば1点，3または5の目が出れば2点，1の目が出れば3点が得られるゲームがある。3人がこのゲームを1回ずつ行ったとき，3人の得点の合計の期待値を求めよ。　教p.59練習10

*120　1から5までの数がかかれた5枚のカードがある。この中から1枚のカードを取り出し，数を確認してもとに戻す。これを2回繰り返すとき，1回目，2回目に引いた数をそれぞれ X, Y とする。このとき，次の値を求めよ。　教p.59〜61

(1) $E(X+Y)$　　(2) $E(XY)$　　　(3) $V(X+Y)$　　(4) $\sigma(X+Y)$

121　袋 A には1, 4, 7 の数がかかれた3枚のカードが，袋 B には2, 5, 8 の数がかかれた3枚のカードが，袋 C には3, 6, 9 の数がかかれた3枚のカードがそれぞれ入っている。それぞれの袋から1枚ずつカードを取り出したとき，取り出したカードにかかれた数の和の分散を求めよ。　教p.61練習11

B

122　大小2個のさいころを投げて，大きいさいころの出た目の数を十の位，小さいさいころの出た目の数を一の位として得られる2桁の数を X とする。このとき，X の期待値と分散を求めよ。　(教p.58〜61)

□ **123** 2つの確率変数 X, Y の確率分布が右の表のように
与えられているとき，次の問いに答えよ。 (教p.58〜61)

(1) $E(X+Y)$ を求めよ。

(2) X と Y は独立かどうか調べよ。

(3) $E(XY)$ を求めよ。

(4) $V(X+Y)$ を求めよ。

X＼Y	0	1	計
1	$\frac{1}{9}$	$\frac{2}{9}$	$\frac{1}{3}$
2	$\frac{2}{9}$	$\frac{4}{9}$	$\frac{2}{3}$
計	$\frac{1}{3}$	$\frac{2}{3}$	1

---

4 **二項分布** (教) p.62〜65

1 **二項分布**

1回の試行で事象 A が起こる確率が p のとき，この試行を n 回行う反復試行において，
A の起こる回数を X とする。$X=r$ となる確率は，$q=1-p$ とすると

$$P(X=r)={}_nC_r p^r q^{n-r} \quad (r=0,\ 1,\ 2,\ 3,\ \cdots\cdots,\ n)$$

確率変数 X の確率分布が上の式で与えられるとき，X は 二項分布 $B(n,\ r)$ に従う という。

2 **二項分布の期待値と分散・標準偏差**

確率変数 X が二項分布 $B(n,\ p)$ に従うとき，$q=1-p$ とすると

$$E(X)=np,\quad V(X)=npq,\quad \sigma(X)=\sqrt{npq}$$

A

□ **124** さいころを4回投げて2以下の目が出る回数を X とするとき，X の確率分布を求めよ。
また，確率 $P(X\leqq1)$ を求めよ。 (教)p.63 練習 12

□ **125** 確率変数 X が二項分布 $B(500,\ 0.02)$ に従うとき，X の期待値と標準偏差を求めよ。
(教)p.65

□ **126** ある製品は，その中に1%の不良品を含むことがわかっている。大量にあるこの製品
の中から1つ取り出し，不良品かどうかを調べて戻す。この試行を1000回繰り返す
とき，不良品を取り出した回数 X の期待値と標準偏差を求めよ。 (教)p.65 練習 13

□ **127** 2個のさいころを同時に投げて，同じ目が出れば20点を得るが，異なる目が出れば
2点を失うゲームを15回行う。合計得点の期待値と標準偏差を求めよ。

(教)p.65 練習 14

□ **128** 袋の中に赤球 a 個と白球 $(100-a)$ 個の合計 100 個の球が入っている。この袋の中から 1 個の球を取り出して色を調べてもとに戻す試行を n 回繰り返す。n 回のうち取り出した赤球の総数を X とする。X の期待値が 3.2，標準偏差が 1.6 であるとき，袋の中の赤球の個数 a と球を取り出す回数 n を求めよ。

(敎p.64〜65)

C

例題 11

期待値が 6，分散が $\dfrac{3}{2}$ の二項分布に従う確率変数を X とするとき，次の問いに答えよ。

(1) X が従う二項分布を $B(n,\ p)$ とするとき，n と p を求めよ。

(2) $X=k$ となる確率を p_k で表すとき，$\dfrac{p_5}{p_4}$ を求めよ。

〈考え方〉 $E(X)=np$，$V(X)=np(1-p)$ を利用する。

解答 (1) X が二項分布 $B(n,\ p)$ に従い，期待値が 6，分散が $\dfrac{3}{2}$ であるから

$$E(X)=np=6 \quad \cdots\cdots ①, \quad V(X)=np(1-p)=\dfrac{3}{2} \quad \cdots\cdots ②$$

①を②に代入して $6(1-p)=\dfrac{3}{2}$ $1-p=\dfrac{3}{12}=\dfrac{1}{4}$ より $p=1-\dfrac{1}{4}=\dfrac{3}{4}$

これと①より $\dfrac{3}{4}n=6$ よって $n=8$ 答

(2) (1)より，X は $B\left(8,\ \dfrac{3}{4}\right)$ に従うから

$$p_k={}_8C_k\left(\dfrac{3}{4}\right)^k\left(\dfrac{1}{4}\right)^{8-k}=\dfrac{8!}{k!(8-k)!}\times\dfrac{3^k}{4^8} \quad (0\leqq k\leqq 8)$$

$${}_nC_r=\dfrac{n!}{r!(n-r)!}$$

よって $\dfrac{p_5}{p_4}=\dfrac{\dfrac{8!}{5!3!}\times\dfrac{3^5}{4^8}}{\dfrac{8!}{4!4!}\times\dfrac{3^4}{4^8}}=\dfrac{4!4!}{5!3!}\times\dfrac{3^5}{3^4}=\dfrac{4}{5}\times 3=\dfrac{12}{5}$ 答

□ **129** 期待値が 6，分散が 2 の二項分布に従う確率変数を X とするとき，次の問いに答えよ。

(1) X が従う二項分布を $B(n,\ p)$ とするとき，n と p を求めよ。

(2) $X=k$ となる確率を p_k で表すとき，$\dfrac{p_4}{p_3}$ を求めよ。

2節　正規分布

1　連続的な確率変数　　　　　　　　　　　　　　　　　　　　　㊙p.67〜69

起こった回数のような，とびとびの値をとる確率変数を **離散型確率変数** という。

液体の量のような，ある範囲のすべての実数値をとるような確率変数を **連続型確率変数** という。

1 連続分布

連続型確率変数 $X(a \leqq X \leqq b)$ の分布曲線が $y=f(x)$ で表されるとき，関数 $f(x)$ を X の **確率密度関数** という。

連続型確率変数 X の分布曲線が $y=f(x)$ で表されるとき

1．つねに $f(x) \geqq 0$

2．$P(\alpha \leqq X \leqq \beta)$ は，分布曲線の $\alpha \leqq x \leqq \beta$ の部分と

　x 軸にはさまれた部分の面積

　とくに，曲線 $y=f(x)$ の全体と x 軸にはさまれた

　部分の面積は 1

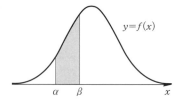

2　正規分布　　　　　　　　　　　　　　　　　　　　　　　　㊙p.70〜75

1 正規分布　　2 正規分布と標準化

μ を実数，σ を正の実数として，連続型確率変数 X の確率密度関数が

$$f(x)=\frac{1}{\sqrt{2\pi}\,\sigma}e^{-\frac{(x-\mu)^2}{2\sigma^2}} \quad (e \text{ は無理数，} e=2.71828\cdots\cdots)$$

で与えられるとき，確率変数 X は **正規分布** $N(\mu, \sigma^2)$

に従うという。

このとき，X の期待値と標準偏差は

$$E(X)=\mu, \quad \sigma(X)=\sigma$$

また，$Z=\dfrac{X-\mu}{\sigma}$ とおくと，$E(Z)=0$，$\sigma(Z)=1$ となり，

確率変数 Z は **標準正規分布** $N(0, 1)$ に従い，分布曲線は

右の図のようになる。

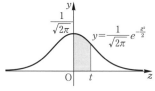

このような確率変数 Z を考えることを，確率変数 X を **標準化** するという。

3 正規分布の応用　　4 二項分布の正規分布による近似

二項分布 $B(n, p)$ は n の値が十分大きいとき，正規分布 $N(np, np(1-p))$ で近似できる。

□***130** 区間 $0 \leqq X \leqq 2$ のすべての値をとる連続型確率変数 X の確率密度関数が

$f(x) = -\dfrac{1}{2}x + 1$ であるとき，次の確率を求めよ。 　㉚p.69 練習1

(1) $P(0 \leqq X \leqq 1)$ 　　　　(2) $P(1 < X < 1.5)$

□**131** 確率変数 Z が標準正規分布 $N(0, 1)$ に従うとき，次の確率を求めよ。 　㉚p.71 練習2
*(1) $P(0 \leqq Z \leqq 2.5)$ 　(2) $P(0 \leqq Z \leqq 2.14)$ 　*(3) $P(-0.5 \leqq Z \leqq 0)$

□**132** 確率変数 Z が標準正規分布 $N(0, 1)$ に従うとき，次の確率を求めよ。 　㉚p.71 練習3
*(1) $P(Z \leqq -0.7)$ 　　*(2) $P(-1.3 \leqq Z \leqq 1)$ 　(3) $P(|Z| > 2)$

□**133** 確率変数 X が正規分布 $N(30, 10^2)$ に従うとき，次の確率を求めよ。 　㉚p.73 練習4
*(1) $P(10 \leqq X \leqq 50)$ 　(2) $P(X \leqq 20)$ 　　*(3) $P(X > 45)$

2
2 節 正規分布

□***134** ある工場で生産される食品の重さは1個あたり平均 300 g，標準偏差 5 g の正規分布
に従うという。このとき，次の問いに答えよ。 　㉚p.73 練習5
(1) 重さが 295 g 以上 305 g 以下の食品は，全体のおよそ何%か。
(2) 重さが 293 g 以下の食品は全体のおよそ何%か。

□***135** 1枚の硬貨を 1600 回投げるとき，表が出るのが 780 回以上 840 回以下である確率を
求めよ。 　㉚p.75 練習6

□**136** 次の条件を満たすような，定数 a の値を求めよ。 　(㉚p.68～69)
(1) 区間 $0 \leqq X \leqq 2$ のすべての値をとる連続型確率変数 X の確率密度関数が
$f(x) = a(2-x)$ である。
(2) 区間 $0 \leqq X \leqq 3$ のすべての値をとる連続型確率変数 X の確率密度関数が
$f(x) = ax + \dfrac{1}{4}$ である。

□**137** 確率変数 Z が標準正規分布 $N(0, 1)$ に従うとき，次の等式が成り立つような定数 t
の値を求めよ。 　(㉚p.71)
(1) $P(-1 \leqq Z \leqq t) = 0.699$ 　　　(2) $P(|Z| \leqq t) = 0.95$

☐ **138** 確率変数 X が正規分布 $N(50, 10^2)$ に従うとき，$P(X \geqq t) = 0.025$ が成り立つような定数 t の値を求めよ。

☐ **139** 1枚の硬貨を400回投げるとき，表の出る回数を X とする。X の確率分布を正規分布で近似して，次の問いに答えよ。
(1) 確率 $P(190 \leqq X \leqq 210)$ を求めよ。
(2) $P(X \leqq k) \fallingdotseq 0.1$ となる整数 k の値を求めよ。

研究 連続型確率変数と定積分　　　　　　　　　　　　　　　　㊙p.69

区間 $a \leqq X \leqq b$ のすべての値をとる連続型確率変数 X の分布曲線が $y = f(x)$ で表されるとき，以下が成り立つ。

$$P(\alpha \leqq X \leqq \beta) = \int_{\alpha}^{\beta} f(x)dx \quad (a \leqq \alpha \leqq \beta \leqq b)$$

$$P(a \leqq X \leqq b) = \int_{a}^{b} f(x)dx = 1$$

また，X の期待値 $E(X)$，分散 $V(X)$，標準偏差 $\sigma(X)$ は

$$E(X) = \int_{a}^{b} xf(x)dx, \qquad V(X) = \int_{a}^{b}(x-m)^2 f(x)dx,$$

$$\sigma(X) = \sqrt{V(X)} \quad \text{ただし，} m = E(X)$$

※　以下の問題は数学Ⅱで「定積分」を学習していることを前提としている。

☐ **140** 区間 $0 \leqq X \leqq 3$ のすべての値をとる連続型確率変数 X の確率密度関数が

$f(x) = -\dfrac{2}{9}x^2 + \dfrac{2}{3}x$ であるとき，X の期待値と分散を求めよ。　　　　(㊙P.69)

☐ **141** 区間 $0 \leqq X \leqq 2$ のすべての値をとる連続型確率変数 X の確率密度関数が
$f(x) = ax(x-2)$ であるとき，定数 a の値を求めよ。

3節 統計的な推測

1 **母集団と標本** 教 p.77〜83

① **母集団と標本**

標本調査（対象となる集団の一部を調べて全体を推測する調査）では，次の用語が用いられる。

母集団：調査の対象となる集団全体　　　　標本：母集団から取り出された個体の集まり

変量　：身長や体重のような特性を表す数量　抽出：母集団から標本を取り出すこと

標本の抽出方法は，取り出した個体の扱い方で次のように分類される。

復元抽出　：取り出した個体をもとに戻してから次の個体を取り出す方法

非復元抽出：一度取り出した個体はもとに戻さないで，個体を次々に取り出す方法

② **母集団分布**

母集団における変量 X の確率分布を **母集団分布** といい，その平均，分散，標準偏差を，それぞれ **母平均，母分散，母標準偏差** といい，μ, σ^2, σ で表す。

③ **標本平均の期待値と標準偏差**　　④ **標本平均の分布**

母平均 μ, 母標準偏差 σ の母集団から大きさ n の標本を抽出するとき，

標本平均 $\overline{X}$ の期待値　$E(\overline{X})=\mu$, 標準偏差　$\sigma(\overline{X})=\dfrac{\sigma}{\sqrt{n}}$　である。

また，n が十分大きければ，標本平均 $\overline{X}$ の分布は正規分布 $N\!\left(\mu,\ \left(\dfrac{\sigma}{\sqrt{n}}\right)^2\right)$, すなわち $N\!\left(\mu,\ \dfrac{\sigma^2}{n}\right)$

で近似できる。

大数の法則：母平均 μ の母集団から大きさ n の標本を抽出するとき，n を大きくするにつれて，標本平均 $\overline{X}$ は母平均 μ に近づいていく。

◤◢ A ◤◢

□*142　赤球 5 個と白球 4 個の合計 9 個の球を母集団とする。この母集団から 1 個の球を無作為抽出したとき，赤球ならば $X=1$, 白球ならば $X=-1$ とする。

このとき，変量 X の母平均，母分散，母標準偏差を求めよ。　　　　教 p.79 練習 1

□*143　数 1 がかかれた球が 6 個，数 3 がかかれた球が 3 個，数 5 がかかれた球が 1 個の合計 10 個の球が入っている袋がある。この袋から 4 個の球を復元抽出したとき，それぞれにかかれている数を X とする。

このとき，標本平均 $\overline{X}$ の期待値と標準偏差を求めよ。　　　　教 p.81 練習 2

□*144　母平均 50, 母標準偏差 20 の母集団から大きさ 100 の標本を抽出するとき，標本平均 $\overline{X}$ が 46 以上 54 以下となる確率を求めよ。　　　　教 p.83 練習 3

2 **統計的な推測** (教)p.84〜88

区間推定：標本から値の前後にある程度の幅をとり，その区間で母集団の特性を推定すること

1 **母平均の推定**

母標準偏差 σ の母集団から大きさ n の標本を抽出するとき，n が十分大きければ，母平均 μ に対する **信頼区間** は

$$\text{信頼度95％では} \quad \overline{X} - \frac{1.96\sigma}{\sqrt{n}} \leqq \mu \leqq \overline{X} + \frac{1.96\sigma}{\sqrt{n}}$$

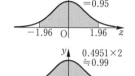

$$\text{信頼度99％では} \quad \overline{X} - \frac{2.58\sigma}{\sqrt{n}} \leqq \mu \leqq \overline{X} + \frac{2.58\sigma}{\sqrt{n}}$$

（例） ある工場で作られる製品の重さは，標準偏差 30 g の正規分布に従うという。

この製品から 100 個を無作為に選んで重さを量ったところ，平均が 700 g であった。

このとき，標本の大きさは $n=100$，標本平均は $\overline{X}=700$，標準偏差は $\sigma=30$ であるから，製品の重さの平均 μ に対する信頼度 95％の信頼区間は

$$700 - \frac{1.96 \times 30}{\sqrt{100}} \leqq \mu \leqq 700 + \frac{1.96 \times 30}{\sqrt{100}} \qquad \text{すなわち} \quad 694.12 \leqq \mu \leqq 705.88$$

また，信頼度 99％の信頼区間は

$$700 - \frac{2.58 \times 30}{\sqrt{100}} \leqq \mu \leqq 700 + \frac{2.58 \times 30}{\sqrt{100}} \qquad \text{すなわち} \quad 692.26 \leqq \mu \leqq 707.74$$

A

☐ **145** 母標準偏差が 6 である母集団から大きさ 400 の標本を無作為抽出したところ，標本平均が 23.5 であった。母平均 μ に対する信頼度 95％の信頼区間を求めよ。

(教)p.84〜85

☐ **146** ある農場で出荷される作物 1 個あたりの重さは，標準偏差 10 g の正規分布に従うことがわかっている。

*(1) 25 個の作物を無作為に選んで重さを測り，平均値 310 g を得た。この農場で生産される作物の重さの平均 μ に対する信頼度 95％の信頼区間を求めよ。

(2) 信頼区間の幅を 5 g 以下にするには，標本の大きさ n はどのようにすればよいか。

(教)p.86 練習 4

☐* **147** ある動物の新しい飼料を試作し，任意に抽出された 100 匹にこの飼料を毎日与えて 1 週間後に体重の変化を調べた。その結果，増加量の平均は 2.57 kg，標準偏差は 0.35 kg であった。増加量の平均 μ に対する信頼度 95％の信頼区間を求めよ。

(教)p.87 問 1

2 **母比率の推定**

比率：ある集団において，特定の性質をもつ要素の全体に対する割合

とくに，母集団における比率を **母比率**，標本における比率を **標本比率** という。

大きさ n の標本の標本比率を p_0 とする。n が十分大きければ，母比率 p に対する信頼区間は

信頼度 95% では

$$p_0 - 1.96 \times \sqrt{\frac{p_0(1-p_0)}{n}} \leq p \leq p_0 + 1.96 \times \sqrt{\frac{p_0(1-p_0)}{n}}$$

信頼度 99% では

$$p_0 - 2.58 \times \sqrt{\frac{p_0(1-p_0)}{n}} \leq p \leq p_0 + 2.58 \times \sqrt{\frac{p_0(1-p_0)}{n}}$$

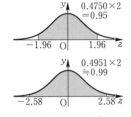

(例) ある工場で，多数の製品の中から 100 個を抽出して調べたところ，10 個の不良品が含まれていた。

このとき，標本の大きさは $n=100$，標本比率は $p_0 = \dfrac{10}{100} = 0.1$ であるから

この製品全体の不良品の母比率 p に対する信頼度 95% の信頼区間は

$$0.1 - 1.96 \times \sqrt{\frac{0.1 \times (1-0.1)}{100}} \leq p \leq 0.1 + 1.96 \times \sqrt{\frac{0.1 \times (1-0.1)}{100}}$$

すなわち $0.0412 \leq p \leq 0.1588$

また，信頼度 99% の信頼区間は

$$0.1 - 2.58 \times \sqrt{\frac{0.1 \times (1-0.1)}{100}} \leq p \leq 0.1 + 2.58 \times \sqrt{\frac{0.1 \times (1-0.1)}{100}}$$

すなわち $0.0226 \leq p \leq 0.1774$

A

□*148 ある工場で，多数の製品の中から 400 個を無作為に選んで検査したところ，8 個が不良品となった。この製品全体で不良品となる製品の比率 p に対する信頼度 95% の信頼区間を求めよ。 教p.88 練習5

□149 400 人の国民を無作為に抽出してアンケートをとったところ，内閣を支持すると回答した人は 200 人であった。国民全体の内閣支持率 p に対する信頼度 95% の信頼区間を求めよ。 教p.88 練習5

B

□150 ある意見に対する賛成率は 20% と予想されている。信頼度 95% の信頼区間の幅が 7.84% 以下になるように推定したい。何人以上抽出して調査すればよいか。 (教p.88)

3 仮説検定

仮説検定：ある仮説が成り立つかどうかを統計的に検証すること。

　以下の手順で考える。

　　　① 仮説として「検証したいこと」（ 対立仮説 ）とは反対の事柄（ 帰無仮説 ）
　　　　を定める。

　　　② 帰無仮説が成り立つと仮定したときの「めったに起こらないこと」を定める。

　　　有意水準：「めったに起こらないこと」が起こる確率

　　　棄却域　：帰無仮説が成り立つという仮定のもとで，有意水準以下の確率でしか
　　　　　　　　　得られない値の範囲

　　　③ 標本調査などを行い，得られた値が棄却域に含まれるか否かをもとに，結論を下す。

（注意）

　調査などで得られた値が棄却域に含まれず，帰無仮説が棄却されない場合でも，対立仮説が
成り立たない，あるいは帰無仮説が成り立つと結論づけることはできない。

1 母平均の検定

母標準偏差 σ の母集団において，「母平均が μ」という帰無仮説に対して，大きさ n の標本の
標本平均を $\overline{x}$ とする。有意水準 5% で仮説検定を行うと，n が十分大きければ，

$z = \dfrac{\overline{x} - \mu}{\dfrac{\sigma}{\sqrt{n}}}$ とおいたとき，$|z| > 1.96$ が棄却域となる。

（例）　ある農家で収穫されるみかんの重さは，例年の経験から平均が 100 g，標準偏差が 8 g の
　　　　正規分布に従うという。

　　　　ある年に収穫されたみかんを無作為に 16 個選び，重さの平均を調べたところ 103 g あった。
　　　　この年のみかんの重さの平均は例年と異なるといえるか，有意水準 5% で仮説検定する。

　　　　帰無仮説は「この年のみかんの重さの平均は例年と変わらない」，

　　　　つまり「この年のみかんの重さの平均は 100 g である」。

　　　　みかんの重さの標本平均 $\overline{X}$ は正規分布 $N\left(100, \dfrac{8^2}{16}\right)$ に従う。

　　　　実際に得られた標本平均は $\overline{x} = 103$ であるから

$$z = \frac{103 - 100}{\dfrac{8}{\sqrt{16}}} = \frac{3}{2} = 1.5 < 1.96$$

　　　　z は棄却域に含まれないので，帰無仮説は棄却されない。

　　　　よって，この年のみかんの重さの平均は，例年と異なるとは判断できない。

2 母比率の検定

「ある母集団の母比率が p」という帰無仮説に対して，大きさ n の標本の標本比率を p_0 とする。有意水準5%で仮説検定を行うと，n が十分大きければ，

$$z = \frac{p_0 - p}{\sqrt{\dfrac{p(1-p)}{n}}} \quad \text{とおいたとき，} \quad |z| > 1.96 \quad \text{が棄却域となる。}$$

(例)　ある病気の患者に薬 A を投与すると，投与された患者の70%に効果があるという。

この病気に対する新薬 B が開発され，無作為に選んだ患者100人に投与したところ，80人に効果があった。2つの薬 A と B には効果の違いがあるか，有意水準5%で仮説検定する。

帰無仮説は「薬 A と B には効果の違いがない」，

つまり「薬 B を投与すると効果がある患者数の母比率 p は 0.7 である」。

標本の大きさは $n = 100$，実際に得られた標本比率は $p_0 = \dfrac{80}{100} = 0.8$ であるから

$$z = \frac{p_0 - p}{\sqrt{\dfrac{p(1-p)}{n}}} = \frac{0.8 - 0.7}{\sqrt{\dfrac{0.7(1-0.7)}{100}}} = \frac{0.1}{\sqrt{\dfrac{0.21}{100}}} \fallingdotseq 2.18 > 1.96$$

z は棄却域に含まれるので，帰無仮説は棄却される。

よって，2つの薬には効果の違いがあるといえる。

— A —

□*151　ある工場で生産している製品の体積は，過去の情報から平均 700 cm^3，標準偏差 20 cm^3 の正規分布に従うことがわかっている。ある日に生産された製品の中から無作為に100個選び出して体積の平均値を求めたところ，703 cm^3 であった。この日に生産された製品の体積の平均は，通常この工場で生産される製品の体積の平均と異なるといえるか，有意水準5%で仮説検定せよ。　　　　教p.91 練習6

□*152　1枚の硬貨を400回投げたところ表が220回出た。この硬貨の表の出方には偏りがあるといえるか，有意水準5%で仮説検定せよ。　　　　教p.93 練習7

研究 両側検定と片側検定　　　　教p.94〜95

片側検定：一方向だけの差異が考えられる場面で用いる。棄却域を大きい方，または小さい方の片側にだけ設定する仮説検定。

$Z > 0$ での片側検定では，有意水準を5%としたときの棄却域が $Z > 1.64$ となる。

両側検定：大小の両方の差異が考えられる場面で用いる。棄却域を両側に設定する仮説検定。

— B —

□153　1枚の硬貨を400回投げたとき，表が218回出た。この硬貨は表が出やすい硬貨であるといえるか，有意水準5%で仮説検定せよ。　　　　(教p.94〜95)

□ **154** 総数が 20 本のくじから 1 本を引いて，その結果を記録してからもとに戻す試行を 100 回繰り返す。このとき，当たりくじを引く回数の分散を 24 以上にするには，当たりくじを何本にしたらよいか，その本数 n の値の範囲を求めよ。

□ **155** 1 個のさいころを n 回投げて出た目の数の平均値を $\overline{X}$ とする。$\overline{X}$ の期待値 $E(\overline{X})$ と分散 $V(\overline{X})$ を求めよ。

□ **156** n を自然数として，袋に 1 から $2n$ までの数がかかれた $2n$ 枚のカードが入っている。この袋からカードを 1 枚だけ引いて，かかれている数を得点として得る。
ただし 1 回だけ，引いたカードを袋に戻してもう一度引き，2 回目に引いたカードにかかれている数を得点とすることができる。
(1) m を $2n$ 以下の自然数として，最初に引いたカードにかかれている数が m 以下であった場合，2 回目のカードを引くことにする。得られる得点の期待値を m を用いて表せ。
(2) (1)について，期待値の最大値と，そのときの m の値を n を用いて表せ。

□ **157** ある大学の入学試験は 500 点満点で，1000 名が受験したところ，受験者の得点は平均 270 点，標準偏差 50 点の正規分布に従うことがわかった。
入学定員が 70 人のとき，合格者最低点はおよそ何点であると考えられるか。

Prominence

□ **158** 実さんは，偏りがないとして長年使い続けてきた自分のさいころに，違和感を覚えるようになった。そこで，このさいころを 400 回投げたところ，6 の目が 80 回出た。次の場合について考えてみよう。ただし，$\sqrt{5}=2.236$ とする。
(1) 実さんが「このさいころはいびつで，各目の出る確率が均等でない」のでは，と考えたとする。この考えは正しいといえるか。有意水準 5% で仮説検定をせよ。
(2) 実さんが「このさいころは 6 の目が出やすい」のでは，と考えたとする。この考えは正しいといえるか。有意水準 5% で仮説検定をせよ。
(3) 実さんは追実験として，さいころを 400 回投げて 3 の目が出る回数を調べた。「このさいころは 3 の目が出にくい」ことを対立仮説とし，有意水準 1% で仮説検定を行ったところ，帰無仮説は棄却された。3 の目が出た回数は何回以下であったと考えられるか。

1章 数列

1節 数列とその和

1 (1) 初項は -5, 第 5 項は 7

    (2) 初項は 8, 第 5 項は $\dfrac{1}{2}$

2 (1) -4 (2) $\dfrac{2}{3}$

3 (1) $a_1=5$, $a_2=1$, $a_3=-3$,

    $a_4=-7$, $a_5=-11$

  (2) $a_1=0$, $a_2=3$, $a_3=8$, $a_4=15$, $a_5=24$

  (3) $a_1=\dfrac{1}{2}$, $a_2=\dfrac{1}{6}$, $a_3=\dfrac{1}{12}$,

    $a_4=\dfrac{1}{20}$, $a_5=\dfrac{1}{30}$

4 (1) $a_n=3n$ (2) $a_n=\dfrac{n}{n+1}$

5 (1) $a_k=(-1)^{k+1}$ (2) $a_k=(21-k)\cdot k$

6 (1) 公差は 3

    □にあてはまる数は順に 8, 14

  (2) 公差は -3

    □にあてはまる数は順に 5, -1, -4

7 (1) $a_n=5n-1$, $a_{20}=99$

  (2) $a_n=-2n-1$, $a_{20}=-41$

  (3) $a_n=6n-16$, $a_{20}=104$

  (4) $a_n=-\dfrac{3}{2}n+7$, $a_{20}=-23$

8 (1) $a_n=-5n+13$ (2) $a_n=3n-7$

9 (1) $a_n=4n-60$

  (2) 第 23 項   (3) 第 16 項

10 (1) 初項は -5, 公差は 7, $a_n=7n-12$

  (2) 初項は 5, 公差は -4, $a_n=-4n+9$

11 (1) 証明略, 初項は 5, 公差は 4

  (2) 証明略, 初項は 2, 公差は -3

12 (1) $x=6$ (2) $x=-4$, 3

13 順に 6, -1, -8, -15

14 (1) 初項は -18, 公差は 4, $a_n=4n-22$

  (2) 第 52 項   (3) 第 131 項

15 (1) -2, 1, 4   (2) -5, 2, 9

16 (1) 250   (2) -279

17 (1) $S_n=\dfrac{1}{2}n(3n+5)$

  (2) $S_n=-n(n-14)$ (3) $S_n=pn^2$

18 (1) $n=8$ (2) $n=5$, 6

19 (1) 項数は 15, 和は 435

  (2) 項数は 12, 和は 96

20 (1) 810   (2) 1265

21 (1) 4100   (2) 16000

  (3) 1365   (4) 9368

  (5) 10732   (6) 1393

22 500

23 (1) 第 15 項   (2) -301

  (3) $n=29$

24 (1) 初項は 2, 公比は 3

  (2) 初項は 8, 公比は $-\dfrac{3}{2}$

25 (1) $a_n=3\cdot2^{n-1}$, $a_7=192$

  (2) $a_n=4\left(-\dfrac{\sqrt{2}}{2}\right)^{n-1}$, $a_7=\dfrac{1}{2}$

26 (1) 第 5 項   (2) 第 9 項

27 (1) $a_n=4\cdot3^{n-1}$

  (2) $a_n=(\sqrt{5})^{n-1}$ または $a_n=(-\sqrt{5})^{n-1}$

28 (1) $x=\pm9$ (2) $x=2$

29 -6, 12, -24 または 6, 12, 24

30 $a=10$, $b=5$ または $a=30$, $b=45$

31 (1) $S_n=3(4^n-1)$ (2) $S_n=1-(-5)^n$

  (3) $S_n=6\left\{1-\left(\dfrac{1}{2}\right)^n\right\}$ (4) $S_n=9\left\{1-\left(-\dfrac{2}{3}\right)^n\right\}$

32 (1) 2047   (2) 547

33 初項は 6, $S_n=2\{1-(-2)^n\}$

34 (1) 初項は 1, 公比は 3

    または 初項は 2, 公比は -3

  (2) 初項は 5, 公比は -2

35 (1) $r=-\dfrac{3}{4}$, $a_n=\dfrac{32}{27}\left(-\dfrac{3}{4}\right)^{n-1}$

    $S_n=\dfrac{128}{189}\left\{1-\left(-\dfrac{3}{4}\right)^n\right\}$

(2) $r=1+\sqrt{2}$, $a_n=(3-2\sqrt{2})(1+\sqrt{2})^{n-1}$

$\quad S_n=\dfrac{3\sqrt{2}-4}{2}\{(1+\sqrt{2})^n-1\}$

36 (1) $\dfrac{3}{4}\left\{1-\left(\dfrac{1}{3}\right)^n\right\}$ (2) $\dfrac{1}{2}(9^n-1)$

37 公比は 2，項数は 7

38 初項は -3，公比は -2

39 -1，3，-9

40 200.3 万円

2節 いろいろな数列

41 (1) $4+7+10+13+16$

(2) $2+6+12+20+30+42$

(3) $2^2+3^2+4^2+\cdots\cdots+(n+1)^2$

(4) $2+2^2+2^3+\cdots\cdots+2^n$

42 (1) $\displaystyle\sum_{k=1}^{20}k^2$ (2) $\displaystyle\sum_{k=1}^{5}k^2(2k+1)$

(3) $\displaystyle\sum_{k=1}^{n}(22-4k)$ (4) $\displaystyle\sum_{k=1}^{18}3^{k+2}$

(5) $\displaystyle\sum_{k=1}^{n}\dfrac{1}{k}$ (6) $\displaystyle\sum_{k=1}^{8}(3k+2)$

43 ①，④

44 (1) 40 (2) 465

(3) 1015 (4) 1296

45 (1) $n(2n-1)$ (2) $n(n+1)(n+3)$

(3) $\dfrac{1}{4}n(n+1)(n^2-3n-2)$

(4) $\dfrac{1}{3}n(2n+1)(2n-1)$

(5) 5^n-1 (6) $\dfrac{1}{4}(5^{n+1}+2^{n+3}-13)$

46 (1) $S_n=\dfrac{1}{3}n(n+1)(2n+1)$

(2) $S_n=\dfrac{1}{2}n(6n^2-3n-1)$

47 (1) $\dfrac{1}{2}n(n-1)(2n-1)$

(2) $(2n+1)(2n-1)$

(3) 2925 (4) $n(2n+1)$

48 (1) $n(n^2+4n+1)$

(2) $\dfrac{1}{4}n(n+1)(n-1)(n-2)$

(3) $\dfrac{1}{4}\{1-(-3)^n\}$ (4) $2\left\{1-\left(\dfrac{1}{2}\right)^n\right\}$

(5) $\dfrac{1}{7}(8^{n+1}+7n-8)$

49 (1) $S_n=n(2n^2+n-11)$

(2) $S_n=\dfrac{1}{6}n(n+1)(3n^2+n-1)$

50 (1) 第 k 項は k^2+k，$S_n=\dfrac{1}{3}n(n+1)(n+2)$

(2) 第 k 項は $\dfrac{1}{2}(3k^2-k)$，$S_n=\dfrac{1}{2}n^2(n+1)$

(3) 第 k 項は $\dfrac{1}{2}(3^k-1)$，

$\quad S_n=\dfrac{1}{4}(3^{n+1}-2n-3)$

51 (1) $\dfrac{1}{6}n(n+1)(5n+1)$

(2) $\dfrac{1}{12}n(n+1)^2(n+2)$

52 一般項 $a_n=\dfrac{1}{3}(10^n-1)$，

$\quad S_n=\dfrac{1}{27}(10^{n+1}-9n-10)$

53 (1) $a_n=n^2-2n+2$ (2) $a_n=-n^2+n+20$

54 (1) $a_n=\dfrac{1}{12}n(n-1)$

(2) $a_n=\dfrac{1}{6}n(2n^2-9n+13)$

55 (1) $a_n=\dfrac{1}{6}(2n^3-9n^2+25n-12)$

(2) $a_n=2^{n-1}+2n-1$

56 (1) $a_n=2n+2$

(2) $a_1=1$，$a_n=2n+2$ $(n\geqq2)$

(3) $a_n=2^{n-1}$

(4) $a_1=4$，$a_n=2\cdot3^{n-1}$ $(n\geqq2)$

57 (1) $S=\dfrac{n}{2(n+2)}$ (2) $S=\dfrac{n}{3(4n+3)}$

(3) $S=\dfrac{n}{2n+1}$

58 (1) $S = \dfrac{(2n-1)\cdot 3^n + 1}{4}$

(2) $S = 4 - \dfrac{n+2}{2^{n-1}} \left(= \dfrac{2^{n+1} - n - 2}{2^{n-1}} \right)$

59 (1) $a_n = 3n - 2$

(2) 第 $\left(\dfrac{1}{2}k^2 - \dfrac{1}{2}k + 1 \right)$ 項

(3) $\dfrac{1}{2}(3k^2 - 3k + 2)$ (4) $\dfrac{1}{2}k(3k^2 - 1)$

60 (1) $\dfrac{120}{121}$ (2) 8

61 (1) $\dfrac{3n}{2(3n+2)}$ (2) $\dfrac{1}{4}(\sqrt{4n+2} - \sqrt{2})$

(3) $\dfrac{n}{2n+1}$ (4) $\dfrac{n(3n+5)}{4(n+1)(n+2)}$

62 (1) $A = 2$ (2) $\dfrac{n(n+3)}{4(n+1)(n+2)}$

63 (1) $x \neq 1$ のとき
$$S = \dfrac{2\{1 - (n+1)x^n + nx^{n+1}\}}{(1-x)^2}$$
$x = 1$ のとき $S = n(n+1)$

(2) $x \neq 1$ のとき
$$S = \dfrac{1 + x - (2n+1)x^n + (2n-1)x^{n+1}}{(1-x)^2}$$
$x = 1$ のとき $S = n^2$

64 (1) 第 203 項 (2) $\dfrac{298}{3}$

65 (1) 第 191 項 (2) 945

3節 漸化式と数学的帰納法

66 (1) $a_1 = 1,\ a_2 = 1,\ a_3 = 1,\ a_4 = 1,\ a_5 = 1$

(2) $a_1 = 1,\ a_2 = 2,\ a_3 = 6,\ a_4 = 39,\ a_5 = 1525$

67 (1) $a_n = 5n - 3$ (2) $a_n = 7^{n-1}$

68 (1) $a_n = 2n^2 - 2n + 1$ (2) $a_n = 2^{n-1} + 1$

69 (1) $a_n = 3^n - 1$ (2) $a_n = (-2)^{n-1} + 2$

70 (1) $a_{n+1} = a_n + 2n + 1$ (2) $a_n = n^2$

71 $a_n = 2 - \dfrac{1}{n}$

72 (1) $a_n = \dfrac{2}{n+1}$ (2) $a_n = \dfrac{2^{n-1}}{5 \cdot 3^{n-1} - 2^{n+1}}$

73 (1) $c_n = 5^n,\ d_n = -3^n$

(2) $a_n = \dfrac{5^n - 3^n}{2},\ b_n = \dfrac{5^n + 3^n}{2}$

74 (1) 証明略 (2) 証明略

75 証明略

76 証明略

77 (1) $a_2 = 3,\ a_3 = 4,\ a_4 = 5,\ a_n = n + 1$

(2) 証明略

78 $a_n = \dfrac{2n-1}{n}$

79 証明略

80 証明略

81 証明略

82 証明略

83 [1] (1) $P_1 = \dfrac{1}{3},\ P_2 = \dfrac{4}{9}$

(2) $P_{n+1} = \dfrac{1}{3}P_n + \dfrac{1}{3}$

(3) $P_n = \dfrac{1}{2}\left\{ 1 - \left(\dfrac{1}{3} \right)^n \right\}$

[2] (1) $Q_1 = \dfrac{1}{3},\ Q_2 = \dfrac{5}{9}$

(2) $Q_{n+1} = -\dfrac{1}{3}Q_n + \dfrac{2}{3}$

(3) $Q_n = \dfrac{1}{2}\left\{ 1 + \left(-\dfrac{1}{3} \right)^n \right\}$

84 [1] (1) $b_1 = -2,\ b_{n+1} = 2b_n - 3$

(2) $b_n = -5 \cdot 2^{n-1} + 3$

(3) $a_n = -5 \cdot 2^{n-1} + 3n + 2$

[2] (1) $p = 3,\ q = 2$

(2) $c_n = -5 \cdot 2^{n-1}$

(3) $a_n = -5 \cdot 2^{n-1} + 3n + 2$

85 [1] (1) $b_n = 1 - \left(\dfrac{1}{2} \right)^n$ (2) $a_n = 4^n - 2^n$

[2] (1) $c_n = 2^n - 1$ (2) $a_n = 4^n - 2^n$

86 $a_n = n \cdot 2^n$

87 (1) $a_n = 2 \cdot 3^{n-1} - 4^{n-1}$

(2) $a_n = \dfrac{1}{4}\{7 + (-3)^n\}$

1

88 (1) $\alpha=3$, $\beta=3$

(2) $b_n=2\cdot3^{n-1}$　(3) $a_n=(2n+1)3^{n-2}$

章末問題

89 (1) $\dfrac{1}{6}n(n+1)(2n+1)$

(2) $\dfrac{1}{24}n(n+1)(n+2)(n+3)$

90 (1) 37

(2) 初項 37，公差 42，項数 12 の等差数列

(3) 3216

91 (1) 1197　(2) 480

92 (1) $a_n=\dfrac{12}{n}$　(2) $b_n=\dfrac{15}{2n-1}$

93 (1) $c_n=2\cdot4^{n-1}-8n+10$

(2) $\dfrac{2}{3}(4^n-6n^2+9n-1)$

94 (1) $S_{n+1}=\dfrac{1}{4}S_n$　(2) $\dfrac{4\sqrt{3}}{3}\left\{1-\left(\dfrac{1}{4}\right)^n\right\}$

(3) $n=6$

95 $a=0$，初項は -3，公差は 4

96 (1) 11　(2) 1485

97 (1) $a_1=1$　(2) $a_{n+1}=2a_n+1$

(3) $a_n=2^n-1$

98 (1) $b_n=3^n$　(2) $a_n=\dfrac{3^n+1}{3^n-1}$

99 証明略

100 $a_n=n$

2章　確率分布と統計的な推測

1節　確率分布

101

X	1	2	3	計
P	$\dfrac{2}{9}$	$\dfrac{3}{9}$	$\dfrac{4}{9}$	1

102 (1)

X	0	1	2	3	4	5	計
P	$\dfrac{14}{36}$	$\dfrac{10}{36}$	$\dfrac{6}{36}$	$\dfrac{3}{36}$	$\dfrac{2}{36}$	$\dfrac{1}{36}$	1

(2) $P(1\leqq X\leqq3)=\dfrac{19}{36}$

103

X	0	1	2	計
P	$\dfrac{1}{10}$	$\dfrac{6}{10}$	$\dfrac{3}{10}$	1

104 (1)

X	0	1	2	3	計
P	$\dfrac{10}{84}$	$\dfrac{40}{84}$	$\dfrac{30}{84}$	$\dfrac{4}{84}$	1

(2) $P(0\leqq X\leqq2)=\dfrac{20}{21}$

105 (1)

X	1	2	3	4	5	6	計
P	$\dfrac{1}{216}$	$\dfrac{7}{216}$	$\dfrac{19}{216}$	$\dfrac{37}{216}$	$\dfrac{61}{216}$	$\dfrac{91}{216}$	1

(2) $P(3\leqq X\leqq5)=\dfrac{13}{24}$

106 (1)

X	1	2	3	4	計
P	$\dfrac{4}{10}$	$\dfrac{3}{10}$	$\dfrac{2}{10}$	$\dfrac{1}{10}$	1

$E(X)=2$，$E(X^2)=5$

107 $V(X)=\dfrac{11}{3}$，$\sigma(X)=\dfrac{\sqrt{33}}{3}$

108 $E(X)=2$，$\sigma(X)=\dfrac{\sqrt{6}}{3}$

109 $E(Y)=-3$

110 $a=-1$

111 (1) $E(X)=\dfrac{20}{9}$　(2) $E(Y)=-10$

112 (1) $V(Y)=36$，$\sigma(Y)=6$

(2) $V(Y)=1$，$\sigma(Y)=1$

113 400 円

114 $E(X)=2$，$V(X)=1$

115 $E(X)=\dfrac{5}{2}$, $V(X)=\dfrac{1}{4}$

116 (1) $E(X)=6$, $V(X)=8$

(2) $a=2$, $b=8$ (3) $\dfrac{3}{5}$

117 $E(X)=\dfrac{6}{5}$ （個）, $\sigma(X)=\dfrac{3}{5}$ （個）,

$E(Y)=600$ （点）, $\sigma(Y)=300$ （点）

118 10

119 5 点

120 (1) $E(X+Y)=6$ (2) $E(XY)=9$

(3) $V(X+Y)=4$ (4) $\sigma(X+Y)=2$

121 18

122 $E(X)=\dfrac{77}{2}$, $V(X)=\dfrac{3535}{12}$

123 (1) $E(X+Y)=\dfrac{7}{3}$ (2) 独立である

(3) $E(XY)=\dfrac{10}{9}$ (4) $V(X+Y)=\dfrac{4}{9}$

124

X	0	1	2	3	4	計
P	$\dfrac{16}{81}$	$\dfrac{32}{81}$	$\dfrac{24}{81}$	$\dfrac{8}{81}$	$\dfrac{1}{81}$	1

$P(X\leqq1)=\dfrac{16}{27}$

125 $E(X)=10$, $\sigma(X)=\dfrac{7\sqrt{5}}{5}$

126 $E(X)=10$, $\sigma(X)=\dfrac{3\sqrt{110}}{10}$

127 期待値 25 点, 標準偏差 $\dfrac{55\sqrt{3}}{3}$ 点

128 $a=20$, $n=16$

129 (1) $n=9$, $p=\dfrac{2}{3}$ (2) $\dfrac{p_4}{p_3}=3$

2 節　正規分布

130 (1) $P(0\leqq X\leqq1)=\dfrac{3}{4}$

(2) $P(1<X<1.5)=\dfrac{3}{16}$

131 (1) $P(0\leqq Z\leqq2.5)=0.4938$

(2) $P(0\leqq Z\leqq2.14)=0.4838$

(3) $P(-0.5\leqq Z\leqq0)=0.1915$

132 (1) $P(Z\leqq-0.7)=0.242$

(2) $P(-1.3\leqq Z\leqq1)=0.7445$

(3) $P(|Z|>2)=0.0456$

133 (1) $P(10\leqq X\leqq50)=0.9544$

(2) $P(X\leqq20)=0.1587$

(3) $P(X>45)=0.0668$

134 (1) およそ 68% (2) およそ 8%

135 0.8185

136 (1) $a=\dfrac{1}{2}$ (2) $a=\dfrac{1}{18}$

137 (1) $t=1.07$ (2) $t=1.96$

138 $t=69.6$

139 (1) $P(190\leqq X\leqq210)=0.6826$

(2) $k=187$

140 $E(X)=\dfrac{3}{2}$, $V(X)=\dfrac{9}{20}$

141 $a=-\dfrac{3}{4}$

3 節　統計的な推測

142 母平均は $\dfrac{1}{9}$, 母分散は $\dfrac{80}{81}$,

母標準偏差は $\dfrac{4\sqrt{5}}{9}$

143 $E(\overline{X})=2$, $\sigma(\overline{X})=\dfrac{3\sqrt{5}}{10}$

144 0.9544

145 $22.912\leqq\mu\leqq24.088$

146 (1) $306.08\leqq\mu\leqq313.92$ (2) $n\geqq62$

147 $2.5014\leqq\mu\leqq2.6386$

148 $0.00628\leqq p\leqq0.03372$

149 $0.451\leqq p\leqq0.549$

150 400 人以上

151 異なるとはいえない。

152 偏りがあるといえる。

153 表が出やすい硬貨であるといえる。

章末問題

154 $8 \leqq n \leqq 12$

155 $E(\overline{X}) = \dfrac{7}{2}$, $V(\overline{X}) = \dfrac{35}{12n}$

156 (1) $\dfrac{1}{4n}(-m^2 + 2mn + 4n^2 + 2n)$

(2) $m = n$ のとき，最大値 $\dfrac{1}{4}(5n+2)$

157 およそ 344 点

158 (1) このさいころの各目の出る確率が均等で
ないとは判断できない。

(2) 6 の目が出やすいといえる。

(3) 49 回以下

Prominence 数学B

● 編　者──実教出版編修部

● 発行者──小田　良次

● 印刷所──共同印刷株式会社

● 発行所──実教出版株式会社

〒102-8377
東京都千代田区五番町5
電話〈営業〉(03) 3238-7777
〈編修〉(03) 3238-7785
〈総務〉(03) 3238-7700
https://www.jikkyo.co.jp/

002402023

ISBN978-4-407-35686-1